鹿鸣心理

西方心理学大师译丛

失败的分析
对精神分析和心理治疗中失败案例的考察

THE ANALYSIS OF FAILURE:
An Investigation
of Failed Cases
in Psychoanalysis
and Psychotherapy

〔美〕阿诺德·戈德伯格　著

陈幼堂　译

ARNOLD GOLDBERG

重庆大学出版社

献给康妮（Connie）、莎拉（Sarah）和安德鲁（Andrew）

致　谢

这本书是芝加哥精神分析研究所（Institute for Psychoanalysis of Chicago）关于失败案例的一次研讨会的结晶。我很感谢参会的精神分析师、精神分析师候选人以及其他人员，尤其是那些和我们一起全程参与会议的人员。我特别感激那些自愿在我们的研讨会上展示其失败案例的人员。我希望我能列出所有与会人员和报告人的姓名，但是为了谨慎起见，还是将它们保密。本书所提及的病人都采用化名或由各种各样的资料来源复合建构而成，为保密起见，我除了对他们都表示感激之外，不便透露更多信息。最后，对那些因极不情愿和（或）非常害怕展示其失败案例而找各种理由予以拒绝的人员，我同样心存感激，而意识到这点也让我感到惊讶。他们使我们更好地理解失败对我们来说意味着什么，以及失败对我们有何影响。我希望读者和我一样怀抱感恩之心。

感谢拉什大学医学中心（Rush University Medical Center）精神病学系主任威廉·谢夫特纳（William Scheftner）博士以及迈克尔·弗兰兹·巴史克（Michael Franz Basch）研究基金会的资助；感谢丹尼斯·杜威尔（Denise Duval）和丹尼斯·谢尔比（Dennis Shelby）提供统计学方面的帮助；感谢我的秘书克莉丝汀·萨斯曼（Christine Susman）。

目　录

第 1 章

介绍失败：谁是最伟大的人？

一个朋友曾经告诉我，尽管他是一位优秀的小提琴家，但是当他意识到自己永远也成不了世界排名前五位或前十位的伟大的小提琴家时，他决定放弃前途光明的音乐会职业生涯，转而追求医学事业。同样，一位才华横溢的哲学博士决定成为一位心理学家，用她的话来说，这是因为"世界上只有一个康德"。人们渴望实现某个领域内的奋斗目标，而当其期望发生转变或降低时，必然有许多原由。但是，此类方向上的诸多改变确实涉及对自夸幻想（grandiose fantasy）的修正和调用，而这些被许多精神分析师视为野心的驱力。科胡特首先解释、发展和考察了这种自我感到特别和伟大的感觉，并在对儿童表现癖及与照料儿童的母亲相关的镜映敏感性的研究中探究了其成因（Kohut，1971）。在飞行幻想以及这种心理现象所伴随的兴奋感中记录有这种儿童自夸的后期表现。

如果我们继续跟进儿童自夸的进展，就会发现它通常以各种各样的表现癖和伴随着不断转变为可接受程度不一的个人野心的个体特性。尽管人们也许会觉得儿童自夸表现癖幻想是普遍存在的，但是此类核心力量的最终命运既是复杂的又是成问题的。虽然我们最初也许会觉得自夸幻想可能有无穷无尽的最终栖息地，但是研究各种各样的有关个人感觉到自我的重要、意义甚至伟大也许是可行的。

从对上述幻想的完全压抑，到前意识层面甚至意识层面的压制，再衍变到自夸和野心更为公开的甚或是赤裸裸的展示，我们或许也可以将某段发展经历与这种幻想的改变和修正的后期表现联系起来，而这种幻想为某些人所喜欢但被另外一些人所鄙视。一个人会出现并继续保持衍生的和改头换面的表现癖和自夸，这与很多因素有关，包括出生顺序和童年早期跌宕起伏的变化等。或许，没有什么东西比拯救幻想更为常见和更易识别了。

从《独行侠》到《超人》，我们童年时期的英雄都是那些拯救和挽救不幸者的人。无论那些需要拯救的对象是被困在地下的矿工还是在最后一刻上演逆转好戏的体育运动员，我们都会因拯救过程而激动得血脉偾张。正如公然的出风头或赤裸裸的野心往往会遭到人们回避和谴责那样，拯救行为无一例外地受到人们的钦佩。确实，人们心目中理想的英雄往往是在掌声中满怀谦卑之心的人。我们的社会乐意歌颂这种经过特殊衍变的成为伟人的精神，没有什么会比一个人奋不顾身地冲进熊熊燃烧的大楼中去拯救一个儿童这样的画面更能打动人心了。因此，不足为奇的是，没有什么会比拯救行动悲惨地失败这样的故事更加让人心痛了。失败潜伏于每个拯救举措的阴影下面，每一次拯救行动都伴随着这样一种萦绕不散的幻想——拯救或许会遭到他人的嘲笑而非赢得喝彩。

我们认为失败的本质在于它摧毁了我们想去实施拯救这种需要，从而使我们最想要得到他人的钦佩这个最早期的梦想破灭，而认识到这点不足为奇。我们之所以憎恨失败，不仅是因为上述这个显而易见的原因，还因为它伤害了我们的自尊心。前文所述的小提琴家和哲学家毕生都在他们想成为最伟大的行家里手这个愿望的引导下进行拯救，作出这样的结论或许不会离题太远。

虽然精神分析和心理治疗的实践无论如何都不能被局限于或缩减为拯救幻想的单纯表达，但是，根据这种无意识动机来观察伴随成功或失败而产生的强烈情绪，则是一种有趣的练习。当人们研究这种强烈的感觉会如何妨碍对失败进行更为客观的研究时，就会觉得这一想法尤为正确。

失败与承诺

在我的记忆中，童年生活中总是会受到类似的教导："如果一开始你没成功，那么重试一遍，再试一遍。"这句话不是建议一个人仅仅反复去做，而是暗示一个人应该修正自己的行为，比如说更加努力做其他的事情，或另辟蹊径等。这似乎并非完全是精神分析和心理治疗中关于成功或失败的文献的指导性主题。然而，我们确实意识到"成功"或"失败"这两个词各自都有阶段性变化。一个人也许无法成为钢琴家或说一口流利的法语，但是他（她）也许能够弹上几首钢琴曲或能在小酒馆里用法语点餐。某些失败仅仅意味着能力有所欠缺。我们同样意识到，一个人可能并不适合于做某种特别的事情，如钢琴或法语或许并不是他的专长。他最好去吹吹单簧管或试着学学德语。后一个建议也称不上是精神分析中关于成功或失败的文献的主题。文献中得到强调的主题更多牵涉所犯的错误、做错的事情和能够改正的问题。犯错的氛围会连带一种羞耻感或羞辱感，仿佛明显是因为一个人的过错才导致失败，而在钢琴或单簧管演奏搞砸时鲜少会出现这种情绪。

除失败和失败所伴随的羞耻感或悔恨感之外，有一种可以用来将某些失败与其他失败区别开来的心态，即旨在纠正错误的心态。当我未能成为一位伟大的单簧管演奏家时，我只会感到有点遗憾，但完全不会有急于去改正我的错误的情绪。我可以耸耸肩，表示我尝试过并且失败了，然后轻松地放弃这种乐器。真倒霉！这种程度的关注或缺乏关注的状态是分配指责或责任的标志，它与成功或失败密切相关，但是有时会被轻易地归结为命运、天赋或纯粹的偶然事件。我也许对单簧管一窍不通，但是这并非我自己的错。我不会受到责怪。学会单簧管唯一要做的就是尝试，而我没有必要一遍又一遍地尝试。

为了恰当地确定精神分析和心理治疗领域中成功或失败的地位，我们还得处理承诺这个议题。"承诺"这个词的含义正如我们语言中的许多其他词汇那样是模棱两可的，但是我们将把其含义限定在一段关系中，而在这段关系中，一个人向另一个人作出了某项承诺。根据我所采用的字典的定义，关系是"一个人宣称去确保他（她）会去采取或避免去采取某个具体的行为，或保证某个具体的事情将会发生或将不会发生，或保证某个具体的事情将会或将不会被完成"。

我们不需要精神分析的魔法就可以看出，这是一种典型的暗含有信任与失望意味的亲子关系。一个人处于掌权地位，而另一个人处于服从地位。然而，精神分析师也将这种关系看作是移情的载体，一个人在移情中把另一个人理想化，并对其产生钦佩之情。理想化使治疗的过程得以继续进行，而这种理想化的失败会导致严重的甚至是棘手的失望感。相应地，心理治疗师具有某种形式的拯救幻想，而其动力是与之相关的疗愈的自夸幻想。当一位治疗师被召唤去治疗之前的治疗师没有很好地医治的一位病人时，尤其会出现这种情况。这种自夸通常也伴随着各种各样的表现癖幻想。当然，所有的医学、精神病学、精神分析和心理治疗都充满着承诺，也同样为失败和失望而忧心忡忡。因此，可以预期我们会花费时间和精力去兑现承诺和消除失望。不把失败当作一种缺失或缺点来进行研究，这听起来或许有悖常情。人们也许会觉得，向失败赋予它自己的地位是很离谱的，这与认为糟糕的家长不缺乏养儿育女的良好特质的观点一样荒唐。

然而，假如我们继续进行这种类比，我们会很容易发现，当某位家长如数家珍地描述他（她）孩子的成就时，其脸上会洋溢着强烈的满足感的光彩，而当某位家长在反映一个或多个子女的悲惨境况时，其往往缺乏任何明确的立场。有时候，我们会同情，有时候我们会背地里或不那么遮遮掩掩地责怪，有时候我们会提供建议。幸福的家长通常深受赞许，而不快乐的家长往往不得不努力去承担责任。他（她）可能采取各种各样的立场，比如说，"这都怪我，作为家长我很失败"，"此类事件就这么发生了，这不能怪任何人"，"他交了一群狐朋狗友"，或"这都是毒品惹的祸"，等等。这时候，精神分析师出场了，他（她）试图去揭示每种立场背后所隐藏的无意识因素。当你的孩子从大学毕业，或在一场比赛中荣获桂冠时，你也许会喜形于色，但是功劳的分配可能是有问题的。当你的孩子大学辍学或在竞赛中毫无获胜的希望时，你也许会感到垂头丧气，但是责任的分担同样是可疑的。当然，我们应该同样无法确定精神分析或心理治疗的成功或失败，但是我们很少能在此类事业中保持客观的立场。这便是对失败进行分析的要点。

在毋需深入地进行哲学探讨的情况下，我们可以这样说，我们从弗里德里希·尼采（Friedrich Nietzsche）、费尔迪南·德·索绪尔（Ferdinand de Saussure）以及克洛德·列维-斯特劳斯（Claude Levi-Strauss）那里得知，我们的语言、思维以及社会制度都建立在对立的基础之上：正确与错误、里面与外面、表象与实在、男人与女人。就谈论二元对立而言，没有哪一种比失败与成功更合适了。尽管诸如雅克·德里达（Jacques Derrida）这样的哲学家在解构主义（见第五章）盛行时期展示了我们的语言（Delacampagne，1999）中存在很多内在的矛盾，但是我们现在一致认为，现存的文化决定了我们如何看待此类二元对立关系。因此，什么构成了成功和什么构成了失败，从来都不是现实中确切的问题，而是由现存共同体中使用志趣相投的语言的人所达成的共识。这只不过是说，并不存在那些能够确定成功或失败的绝对条件；毋宁说，成功或失败的定义受一系列规则、规范化实践、意见和可能发生的事情的影响。通常，成功或失败的表现往往是显而易见和无可争辩的，而关于成功和失败的决定经常是相对的和可变的。

我们必须努力依据失败的根源和失败的影响去理解失败，而不让道德评判以及主观感觉干扰这种研究，即使这看起来很棘手。这既不是要将失败完全还原为其可能的无意识根源，也不是排除此类根源。我们很难将这种蕴含丰富的情感内涵的概念与此类伴随的影响分离开来，因此，失败的命运一直与那些侵犯关系界限时经常会遇到的术语的命运相类似。分析师或治疗师对各种品行不端的行为作出的无条件反射，一般是根据礼貌和道德规范的模板作出的谴责。失败很快被归入做错事这一类别，因此它总是无法摆脱错误干扰的阴霾，从而使对它的考察丧失了客观性。类似地，很多关于成功案例的报告也缺乏客观性。道德判断在此类评估中应该没有一席之地（Goldberg，2007），但是，这样说并不是为了请求去剔除道德判断，而是便于让人们理解我们是如何对成功和失败本身进行思考的。

我们必须将失败与成功看作一个多义词（即，有很多含义的词汇）。它们可以在某个句子中表达一种意思，而在另一个句子中表达另一种不同的意思。它们对某个人来说有着某种含义，对另一个人来说则有着迥然不同的含义。我们必须考虑精神分析和心理治疗中多元主义的现状，这使失败与成功的确切含义的决定变得更加复杂。我们所生活的世界有形形色色的理论体系，它们会根据自我（ego）心理学、客体关系、自体心理学或其他理论架构来组织临床资料。由于我们的理论视角只专注于一系列临床资料中的某一部分而不是另一部分，所以我们对任何特定理论的固守都会自然而然地限制我们所观察的内容。总而言之，我们无法保证对任何单一案例的成功或失败达成明确的和一致的意见。现在盛行采用神经科学的方法来研究精神疾病，这使我们有希望以简洁的因果关系来评估成功或失败。但是，精神分析和心理治疗的诠释性或解释学基础使这个希望成为泡影。我们的材料永远都受评估过程的影响，而后者远远不止看上去的那样简单，而是涉及隐藏的其他因素。

我们还注意到关于失败的任何探究中所暗含的道德意味，这包括很多关键的概念，例如，应该、必须、好的、坏的、对的、错的，等等。有些作者（Thompson，2010）试图将我们对事物"规范性"方面的关注转移至对"规范性"本身的研究之上。我们发现，医学关注正常的体重或理想的血压，法律关注关系界限的侵犯或道德过失，这些都是与规范性相关的问题。各种规范性的事宜可以被分为两个关键概念：一个是涉及评估的概念，另一个是涉及指令的概念。评估就是评价事物的状况如何，是好的抑或是坏的，是可取的抑或是不可取的。指令就是告诉人们如何去行动或思考。与好的或坏的这样的评价相比，我们拥有那些关于告诉人们应该做或必须做什么的核心概念。我们可以在别人玩扑克牌时袖手旁观，而这丝毫不涉及道德问题。在不同的领域，评价有时先于指令，而有时情况则可能正好相反。我们经常发现道德议题支配着此类决定。然而，往往有人呼吁，某种行为是超越道德或伦理准则的，而我们将会看到，失败案例中这种两难困境也并非罕见。正确的事情有它自己的常模量表，而正确的事情并不总是与最好的事情相吻合。

人们在听了失败案例后，通常作出的评论与本应该做却没做的事情有关。然而，另一个同样常见的评论是与本不应该做却做了的事情有关。不可否认的是，我们基本上会遵循由特定的权威制定的一套特定的规则或遵循那些植根于一套原则的行为体系来参与活动。此类原则头上顶着"正确"这个光环，而藐视它们则被视为一种错误。但是，并非所有的错误都会导致失败，因为某些错误导致了成功。在那些案例中，我们本应该做却没有做的事也许不是最好的，我们的"应当"和原则可以被视为只不过是共同的观念而非基本原理。

关于失败的文献必然会回避听天由命的结局，而通常会报告如何纠正错误并最终获得成功。失败被排除了，而任何关于失败的调查都无意识地预设失败是由某个错误导致的。然而，尽管这样的立场看似正确，专门对失败进行分析的确依然是可行的。我们意识到某些病人有"需要失败"这种倾向，并对这种失败开展了某些研究。我们也进一步意识到，某些病人需要或希望他（她）们的分析师或治疗师失败。我们也承认这样的事实：经历失败可能对一个过度自夸的病人产生疗效。如果我们给自己一个机会去审视失败，而不去理会失败这个词通常所附带的污名，我们就会发现各种各样的可能性。这就是失败分析的宗旨。

选边站队

我们可以采用一种方式来想象甚或戏剧性地描述治疗过程通常的展开情景——设想有一位治疗师与病人齐心协力地处理病人的问题或症状，而不管他（她）是精神科医生、心理治疗师抑或是精神分析师。随着时间的流逝，接受精神分析的病人逐渐觉察那些导致问题的无意识的因素，并且他（她）开始与自己以前并不知晓和并未承认的事物相抗争。精神科医生采用药物治疗来对抗疾病，这被视为通过药物来清除某种东西，同样地，任何心理干预也具有类似的特征。随着这场令人期待的消除疾病的斗争上演，病人和治疗师的目标就是增强同盟关系和最终消灭疾病，或至少抑制或掌控它。失败是不同的。疾病挥之不去，而同盟关系变得紧张起来。诚然，某些治疗师依然对那些病情没有好转的病人提供支持和表示同情，但是，有数目惊人的治疗师对病人产生敌对情绪，尤其是当病人在他（她）的病情毫无起色的情况下离开时。失败的分析师或治疗师无疑会经历和忍受自己从权力或智慧高位跌落的过程，并且往往会伴随有与自恋性的伤害相关的暴怒，而这种伤害标志着治疗师无能为力。针对疾病的愤怒也许会转向病人，这表现为贬损他（她）缺乏合作精神、不肯努力、需要生病，或各种各样的污蔑、指责和嘲弄等。为了应对失败带来的痛楚，治疗师或分析师从病人的盟友变成了敌手。下面我们将有机会一窥这些情感在治疗过程是如何出现的。

　　一个一再重现的主题就是如何恰当地定位失败。是病人的过错抑或是治疗师的过错才导致失败，抑或是双方的过错才导致失败吗？失败是相互建构的吗？抑或是无论采取什么应对措施失败都必然会出现？当然，定位失败是一种归咎和划分责任的行为，因此这也许会使人们更加难以理解失败。我们将会看到，人们努力避免这个话题，并且抱着一丝这样的希望：或许某一天人们对失败忧心忡忡的情形会烟消云散。

　　在一次分析结束时，一位满怀感恩的病人向分析师道谢，感谢所取得的一切成就。分析师使病人确信，这项成就是双方共同努力的结果，但是病人坚称全部成功都归功于分析师的努力。另一位接受精神分析的病人决定停止分析，他做出这个难过的决定是因为他（她）觉得分析没有任何成效，没有必要再浪费精力与金钱。这位病人说，也许他（她）就是不适合做精神分析，但是其言外之意是分析师应该为失败负责。这是最常见不过的情景，分析师随后会深刻地反省，但是往往不明白到底是哪里出现了差错。除非人们承认失败的感觉并理解其含义，否则失败依然会像被扫入地毯下的泥土那样被掩盖起来。

现在让我们开始回顾某些作者撰述的关于失败这个主题的文献。

关于失败的文献的综述

尽管现有的文献更多地关注精神分析和心理治疗活动对病人的积极影响和改善作用（Shedler，2010），但是，对治疗失败（Chessick，1996）和治疗的有害影响（Barlow，2010）也得到人们的关注和考察。然而，对有问题的案例最常见的调查方法就是将困难的本质视为一种可以被清除的、克服的或是由于使用不恰当的方法造成的。因此，僵局或失败好像疾病甚或发展性障碍那样，被视为一种可以被克服的障碍，而不是一种无论怎么努力也无法清除的障碍。因此，在我们如何思考失败上，积极思维的精神占主导地位。当然，这种精神是人们所期望的，也决不应该对它进行批判。然而，我们也可以保持一个更为中立的立场，低调地采用一个恰当的和规范性的视角来看待失败，从而可能揭示失败的不同面貌。

如果我们从关于失败颇为常见和流行的观点谈起，一本名为

《成功的喜悦》（Collins，2003）的自助书提供了一个适宜的和简易的关于失败的定义：失败"就是不完整，没有能力去完成或删除的"。该书的作者进一步解释，人们会因不同的原因而失败，比如说，缺乏技巧；不愿意开口请教；本应该说"不"却说了"是"。这种方法仅仅将失败看作成功的反面，从而使失败丧失了自己的属性。不过也有人说，失败有时是由相互对立的事物导致的，比如说，在本应该说"是"的时候却说了"不"；因过于急切地询问而导致失败；甚至因技巧过于娴熟和事情做过了头而导致失败。心脏会因心肌衰弱而停止跳动，也会因过度兴奋而停止跳动；电脑会因内存不足而死机，也会因负荷过载而崩溃。人们可以根据自己的偏好来编造失败的原因，说"失败只不过是＿＿＿＿＿＿＿"，但这永远无法揭示失败的庐山真面目。失败是错综复杂的，特别是在心理治疗中，失败有多个维度，因而需要更仔细的分析。

M. 海曼（M. Hyman）在瑞本（Rippen）和舒尔曼（Schulman，2003）所编著的一本关于失败的书中，或许提供了一种最为极端甚至"奇妙的"方式来处理失败问题。据海曼（2003）所说，失败是一种矛盾修辞法，而治疗的效果只不过是另一个需要分析的问题。当然，这种认为失败是自相矛盾的结论，其本身仍然是另一个需要分析的观点，而这种对定局缺失的不懈追求或许永远也无法停歇。唐纳德·斯彭斯（Donald Spence）在一次关于失败研究的座谈会上（Wallerstein & Coen，1994）更进一步，鼓励我们收集关于失败的文献，以便编成一本关于失败原因和类型的纲要著作。关于失败的文献有这样一个特征：有两种相互对立的观点，一种观点认为失败是可以避免的，而另一种观点则认为失败是在劫难逃的。不足为奇的是，出现了一种令人感到更为舒适的中间立场，它专门关注"僵局"这个词和概念。

尽管"僵局"这个概念需要更深入地讨论，但我们需要注意的是，它在精神分析和心理治疗的文献中比彻底的失败更加流行。戈多和格黑瑞（Gedo & Gehrie，1993）认为僵局是促进创新的刺激物，而沃勒斯坦和科恩（Wallerstein & Coen，1994）则将"僵局"分成了三类。第一类是付诸行动（acting out），它妨碍了精神分析的进程；第二类是负面的治疗反应；第三类被称为反洞见。为了将僵局与失败区分开来，切斯克（Chessick，1996）展示了一个结局不尽如人意的临床案例，而后者反而让切斯克提出了"僵持"这个概念："僵持"是一种妨碍分析进程而似乎让人看到未来的希望的状态（即，既不是僵局也不是彻底的失败）。

一旦我们暂停下来对失败本身进行考察，便会汇集某些关于失败的价值的观点。本雅明（Benjamin，2009）认为，分析师在进行分析时需要定期地研究他们对失败的个人感受，以便从分析过程中发生的关系破裂中恢复过来。在本雅明看来，失败是每一次分析不断发生的一部分。朱迪思·维达（Judith Vida，2003）在上述瑞本和舒尔曼（2003）编著的论文集中说道，失败对治疗师的成长来说是不可或缺的。人们也许会质疑"失败"这个词在这里的特殊用法，因为它让人不由自主地想到戈多和格黑瑞所提出的这个观点——"僵局"是对创新有促进作用的刺激物。我们再一次提出定局这个问题，以便区分那些走向成功的途中遇到的失败与最终的失败。沃尔曼（Wolman，1972）、霍克（Hoch，1948）和罗森布拉姆（Rosenblum，1994）探讨了对地地道道的失败的拥护，他们描述了各种各样的案例，这包括无法分析的病人和表现出难以诠释的阻抗的病人。关于如何恰当地定位或看待失败，这引发了激烈的争论，比如说，失败是否是因病人需要它而产生的（Fried，1954）？失败是否是因技巧和过程的局限性而产生的（Rippen & Schulman，2003）？或者，失败是否是因无法治疗这个概念本身而导致的？

　　关于失败以及"僵持"和"僵局"这两个相关的术语的文献综述揭示出以下几个明显的结论。第一个结论是，除了少数例外（所有关于失败的论述都有例外），大多数分析师和治疗师都避免讨论失败对他们的影响和意义，并且会千方百计地苦中作乐，用一串酸酸的柠檬做出甜甜的柠檬水。我们要么否认失败的存在，要么排除它。很明显，失败带来的羞愧和羞辱阻碍了人们对它开展客观的研究。第二个结论是，"失败"这个概念是模糊不清的。我们稍后会讨论"失败"与"成功"这两个词如何实际上代表了语言学的一个问题。在开展精神分析和心理治疗的过程中，除了病人自杀得逞的案例外，人们很少能够明确地决定什么算是真正的失败，除了"从此过上了幸福生活"这种表述，人们所获得的明确无误的成功迹象会更少。也许，"失败是一种矛盾修辞法"这一观点并不正确，因为失败并非真正是自相矛盾的，而把它归入不可判定这个类别或许更为合适。

　　第三个结论也许是通过我们对失败这个主题的相对忽视而得出的（同样备注有例外情况），那就是我们没有更好地界定和确定我们特殊的理论和技巧的局限性。我们各种不同的"流派"和"对其效忠"具有令人难以置信的封闭性，这妨碍了我们去制定一系列相当简单的、关于最佳治疗模式的准则。每一种新观点都会令人激动，但是令人遗憾的是，它最终沦为排斥异见的孤家寡人。不是每一种观点都适用于所有事物，而关于失败的恰当研究最终应该能使我们为特定的治疗模式选择更加合理的和可行的用途。

在刘易斯·卡罗尔（Lewis Carroll）所著的《爱丽丝镜中奇遇记》（1896/1982）一书中，对矮胖子（Humpty Dumpty）的描述展示了如何最好地处理失败分析。矮胖子用一种颇为轻蔑的口吻说道：

> "当我使用一个词时，它会表达我想要它表达的意思——既不会多也不会少。" ……爱丽丝（Alice）说："问题在于，你能否使词汇表达很多很多不同的意思。" ……矮胖子说："问题在于，哪一个意思占主导地位——仅此而已。"（P.184）

爱丽丝没有回答，所以矮胖子继续说道："词语都是有脾气的，有些词语，特别是动词：它们是最骄傲的——你可以随意使用形容词，但却不能这样对待动词——不过，我能够控制绝大多数动词。深不可测（impenetrability）！这就是我所说的意思。"（p.184）

真正本着矮胖子的话语中所体现的精神，我们将继续考察我们能否掌握"失败"这个名词的深不可测的特点。

第 2 章

失败项目

不久前，一个同事询问了我所在的某个研究小组，为什么人们总是去展示进展顺利的案例或那些只出现了小问题的案例，而不展示那些彻底失败的案例？当然，没人能够轻松地回答这个问题，因为这样做会使回答问题的人有不得不完成这个任务（即，展示一个失败案例）的风险。一旦人们克服了这个障碍，就会出现一系列新问题，这包括去研究为什么要一直避免展示失败案例，去考察失败的本质及其大概的和可能的原因。也许，人们在开展此类调查时，最初的一个发现就是，每个人对失败都持有一个观点，或者更贴切地说，持有一系列的观点。通常，这些观点都是基于一种或多种个人的经验之上，也许将其称为"偏见"更为贴切。第二个可能的发现是我亲身获悉的，那是在我向我们最著名的几家杂志提交了几篇关于失败的论文之后得到。这一发现也最好被视为属于偏见这个类别，而其最简单的形式就是提供的关于如何去研究失败案例的建议。这种建议往往以非常低沉和严肃的口吻道来，偶尔会援引卡尔 · 波普尔（Karl Popper）或托马斯 · 库恩（Thomas Kuhn）等人的实证研究的观点。人们或许会用"滑稽的""不可能的"等词汇来准确地形容此类建议。我最喜欢的建议就是那种提议或催促我放弃对关于"业已"失败的案例研究，转而去研究那些"将会"失败的案例。

这势必要去从头开始调查许多案例，直到它们可能失败或可能不会失败。当然，人们可能花费大量的精力去考察数不清的案例，却最终没有碰到一个失败的案例。这种建议是以一种最为鼓舞人心的方式提出的，它声称我所做的考察是一种回顾性研究（即，在失败已成事实后再调查它），而我应该做更多的前瞻性研究（即，在失败出现前预见它的发展）。我们的"哲人"并没有向我提供关于如何去预测失败的线索，但是的确鼓励我从一套关于成功的准则着手，如果准则中的一条或多条原则缺失，则失败就会产生。

　　由于我们无法预先选择失败案例，所以我们不得不着手研究那些被精神分析师或心理治疗师称为失败的案例。[1] 在我们收集案例的过程中，这成为了一个关键的问题，因为并不是每一个人都在关于什么是失败这个问题上达成完全一致的意见。一位遭到一家又一家期刊退稿的读者告诉我们，关于这个主题的文献汗牛充栋，受不同的理论方法启发的其他流派或治疗师称此类案例为"僵局"而非失败。如前文所述那样，"僵局"这个词表明它是一个暂时性的问题，可以通过其他努力来予以解决。在字典里面，"僵局"的意思等同于"死胡同"或者"停顿"，它往往表明，只要人们以某种新的方式重新尝试，就可能创造一种解决方案。僵局是一个缺乏定局的词，而"失败"注定与它不同，因为失败是一个终结点，往往无法被修改为暂时的挫折或不利的开局。然而，有读者（并且还不少）似乎不

1　此处所展示的治疗是由心理治疗师或精神分析师开展的，请读者注意，这些
　　类别是可以替换地使用，而不作明确区分，以便保密。

愿意给"失败"这个观念赋予这种定局的含义。他们的判断背后隐藏着一种很常见的关于"失败"这个观念的评价（即，失败是一种人为的错误，是可以修正或还原的）。在某些人看来，所有的失败都是暂时的，没有哪一个案例是委实无法挽救的。我们必须心存希望。

尽管"失败"这个概念具有内在的模糊性，收集一组失败案例这个问题尚不及下一个问题来得重要："案例为什么会失败？"（即，有哪一个或哪几个原因导致了失败？）当我们在倾听大量的案例展示时，特别想撇开这个问题，期望答案会自动出现。当然，我们已经知道，我们总是在脑海中带着某种理论去倾听此类案例展示，所以我们试图去消除我们对失败的成见，看我们能否发现此类成见并为之辩护。

总而言之，我们的项目成员由一群精神分析师、精神分析师候选人以及心理治疗师组成，他们倾听分析师或治疗师阐述被他们自己视为失败的案例。听众根据客观因素和主观因素来对案例进行评估，并将每个案例评定为成功的或失败的案例。客观因素包括工作能力、结婚成家的能力、某个症状的消除或舒缓等，而主观因素则包括幸福感等指标。听众根据这些指标对治疗师和病人进行评定。然后，我们试图根据失败的原因来对案例进行评估，这需要考察许多因素，比如说，治疗师自身缺乏知识、缺少共情联结、无法维持共情、未能考虑替代性的治疗方法，等等。接着，我们对此类可能会导致案例失败的每一个原因都进行调查，以便查明其中任何一个原因的变化是否会导致不同的结果。人们会认为，失败的原因与治疗方法之间或许存在某种相关性。这种观点似乎并不适用，因而总体上使我们倾听案例的许多裁判员感到更加困惑，后者正在努力思考"失败"这个概念及其伴随的"无法治疗的案例"的这个观念。如果某人认为某个案例是因反移情问题而失败，那么纠正这个问题便可以减少失败，这个结论似乎是符合逻辑的。然而事实并非如此。我们在一开始就遗漏了很多因素。尽管案例会因反移情问题、缺乏知识或任何可以想象到的理由而失败，但是，即使此类缺陷得到纠正，案例也可能会失败。因为失败或许是由许多因素共同导致的。

原因

人们认为导致失败的第一类原因就是缺乏关于如何去治疗某个特定病人的知识。我怀疑这种形式的评估极度依赖在座听众的意见，因为一群训练有素的分析师候选人和分析师在对失败进行评估时，极少会认为他们知识水平的不足是一种重要因素。这种特定的特征最初必须被分为两大类：第一类是询问治疗师对自己着手的治疗是否内行，第二类是询问治疗师是否知道，或许需要或必须采用其他的或不同的治疗方式。在当前的环境下，很多治疗师，遗憾的是或许也包括很多精神科医生，即使只接受了最低限度的心理治疗的训练，也依然声称自己具有执业资格，而没有或几乎没有察觉到他们的个人局限性。自身有局限性与"知晓"自己的局限性，这二者或许有云泥之别。

　　根据任一特定的理论标准接受培训的人员，往往会带着单一思维阅读关于某个案例的资料或倾听其报告，并且根据内隐的集体知识库来判定案例的疗效。背景不同的人会自然而然地根据他们自以为正确的方式来倾听或发现某个治疗的大部分内容。人们往往不可能区分什么是错误的处事方式，除非依据他们在培训中认可的正确标准来判断。即使人们将自己的批判限于精神分析和心理治疗，但是由于有很多不同的治疗流派，所以大多数执业者除了熟悉少许流派之外，对其他流派所知甚少。一个坚定的克莱因派的分析师也许会嘲弄自体心理学的案例报告，而且如果这是个失败案例的话，这样的奚落或许会增加十倍。我们稍后会有机会讨论精神分析流派之间的差异，后者有时可能会导致公开的敌意和怨恨。然而，我们现在只需要强调这样一个事实：在大多数评估中，将缺乏知识作为治疗失败的根本原因几乎是不成立的。当然，如果得出这样的结论，那么这也只有在具有相似想法的听众或读者就某些明显的缺陷达成了共识的情况下才能发生。此外，我们几乎不可能召集足够多的源自不同的心理治疗和精神分析流派的代表，对失败的原因达成一致意见，除了最明显的知识缺失这个原因之外。相反，罪魁祸首，如果有的话，更可能被认为是一次特别的技术失误。

　　尽管心理治疗和精神分析的各种理论无疑都在以下方面达成一致意见：许多诸如移情和反移情那样的概念，许多诸如否认和压抑这样的防御机制，许多诸如抑郁和焦虑那样的病理学困境。但是，它们在很多观点上也无疑存在分歧，这包括移情和反移情的本质，诸如否认和压抑这样的防御机制的重要性，以及恰当地处理诸如抑郁和焦虑这类病理的方式。因此，当我们抛开知识缺失不谈，转而调查由更难以捉摸的技术错误而导致失败的原因时，我们发现，只有所有的评估都由一群受过颇为相似的训练和被灌输了相应的理念的治疗师作出时，这种调查才有可能启动。

自体心理学是我们大多数听众使用的流行的理论，因此我们会采用这种理论视角来看待所犯下的错误。我们首先从自体心理学的必要条件——创造有意义的共情联结——开始。这一短语的含义与建立治疗同盟或工作同盟并无太大区别，而其中任何程度的差异都与关于案例失败的原因的研究无关。少许似乎从未启动的案例可能存在这个问题，因此我们将在第七章中予以详细地讨论。自体心理学为揭示共情的细微差别花费了大量精力，特别是揭示了共情如何回应、伴随或代表各种形式的反移情问题。将所有的失败与反移情问题联系起来并不罕见，因此，人们会面临这样的风险——将所有的失败都简化为精神分析师或心理治疗师的问题。正如我们精神药理学的兄弟姐妹们倾向于将责任归咎于疾病或病人那样，我们必须警惕我们将责任归咎于执业者的情况。毫无疑问，探寻执业过程中的过错是一项非常值得做的练习，而实际上有大量的督导工作正是针对这个问题而开展的。但是，依然存在这样一组失败案例，它们似乎并非是因对移情或反移情问题分析失败而产生的。当然，我们可以带着这个问题去重新审视一个案例，但是我们也应该保持开放的心态寻求其他原因。本书的许多章节会致力于探讨共情失败和共情中断的话题（第十三章），以及持续的共情沉浸（empathic immersion）的话题（第十四章），而这些话题都是自体心理学词汇中的要素。

我们能否界定失败，这是个非常棘手的问题（我们在本章中予以讨论），在我们努力处理这个问题和探究失败的可能原因之前，我们考虑替代性治疗这个问题。比如说，对某位给定的病人来说，心理治疗的疗效或许比精神分析更好，这也许只不过是一种信念或决定。然而，一旦我们局限于那些我们大多数人都感到舒适的非常有限的训练，那么我们有必要查看非常广泛的替代性治疗。残酷的事实在于，除了少数几个人能熟悉并且足够胜任其他治疗活动外，几乎每一个人都或多或少地恪守自己本业。少许自我心理学家会运用克莱因派的某些理念，少许精神分析师和心理治疗师将某些治疗与药物治疗相结合起来，少许分析师也采用认知行为治疗（CBT）的技巧，少许关系流派的分析师或治疗师偶尔从驱力的角度来考虑问题，凡此等等，不一而足，他（她）们都只是对治疗作出各色各样的限制和修改。然而，大多数情况下，并不是因为治疗师或分析师的知识缺陷或技巧不熟才妨碍了他（她）们去交流观念和方法。毋宁是，我们狭隘的信仰和片面的训练导致全国范围内的无知和敌意，从而实质上关闭了公开交流观点的渠道。

在大多数情况下，一个有心理困扰的病人在寻求治疗时会不知不觉地陷入一种像投注乐透奖那样纯靠运气的治疗境地。他（她）的选择在很大程度上取决于他（她）所处的地理位置［例如雅克·拉康（Jacques Lacan）的理念在美国中西部地区并不流行］，财务状况（在纽约，很少有人能负担得起精神分析的费用），或他（她）的转诊来源（内科医生现在会将病人转诊给其他内科医生进行药物治疗），等等。如果治疗未获得成功，那么由于最初的治疗师的局限性及偏见，病人第二次治疗获得成功的概率往往低于第一次治疗的成功概率。通过我们十分有限的研究，我们预期会得出一个最有趣的结论，它是像这样表达的："这种特殊治疗对这位病人来说没有效果，他（她）应该尝试别的治疗方法，但是我们并不能提供任何意义上的担保，去决定应该从哪儿着手或应该采用哪种治疗。"

定义

我们介绍"失败"这个概念的最终目的应该一直都与我们最初的目的相同，但是我们延迟了对失败进行界定，因为我们希望能够更加清晰地界定失败到底是什么。可惜，却未曾料到失败变得更加难以界定。定义失败的方法必须包括四个方面：一个案例被判定为失败案例，这必须要听取治疗师与病人双方的意见，但是鉴于寻求病人的评价是不同寻常的和不大可能的，所以我们还会依靠我们的听众团体的判断作为补充。此类评价被分为客观组与主观组这两类。第一类评价涉及明显的变更，比如说，找到工作、离婚或结婚等。第二类评价涉及对无以名状的因素进行主观评价，比如说，更会享受生活了，不再思忖着自杀等诸如此类的情况。

关于一个案例是否是一个失败案例，既有很多一致的意见，也有大量的关于这个看似简单而其实极为复杂的问题的争论。带着类似的目的来开展一场关于这个问题的讨论并不罕见。第十二章会致力于探讨这个问题，但是从这个终结点开始深入剖析失败的定义，我们或许会有更丰厚的收获。我们可以从易装癖这个例子着手，来清楚地表明存在分歧的情况。这个令人印象深刻的例子旨在向大家阐明存在的分歧。某些病人也许希望自己摆脱这种癖好，认为这是一种令人讨厌的症状，某些病人仅仅希望自己不再对这种欲望感到那么难过，而某些病人也许根本不会觉得这是令人讨厌的表现。分析师和治疗师也许会作出相同的或相似的判断，但是他们或许对这一心理障碍的本质和前景持有不同的观点。如果病人和（比如说）分析师都认为治疗的目标就是消除现在被"宣称"的症状，并且如果症状成功地被消除，那么不需要考虑失败这个问题。由于这种目标一致的特殊情况是罕见的，所以病人与分析师最终的满意度或许是参差不齐的，比如说，病人感到开心而分析师感到失望，医患双方都感到失望，等等。在此类不确定的情景中，我们很难判断哪个案例是失败的。治疗的结局包括如下几种情况：病人继续快乐地穿着异性服装而分析师认为对他的分析获得了成功；病人完全感觉不到易装的好处，而分析师觉得分析是失败的，因为症状没有丝毫改变。此外，客观的观察者坚称，病人得到了很好的分析，而就对此案例的恰当评价而论，这个问题已经相当明显了。本章所说的外部观察与主观感受之间的区别是显而易见的，增加这两个不同的视角只会使人感到更加困惑。

如果我们重新审视关于"僵局"的评论，我们可以说与其认为这是一个"僵局"问题，不如说这是一个关于采用一个常模量表来测量什么是最好的问题，以及关于意识到采用现有的方法可以获得什么样的结果的问题。

无法治疗的案例

作为处理僵局这个概念的最后一招，我们现在面临如何去确定无法治疗性这个非常棘手的问题。修饰语是显而易见的，比如说，"采用这种方法或途径，或采用任何方法或途径"。在很多分析师和治疗师看来，无法治疗性这个概念本身就是无法接受的，然而对其他人而言，这并不是一个多么罕见的结论，当采用受限制的治疗方法后得出这种结论时尤其如此。

在处理失败案例时，将所有的失败案例统统归入无法治疗这个类别是最为舒适的方式，因为这彻底地驱散了指责的乌云，将案例失败更多地归咎于运气不佳。我们将会（在第五章）看到，这种现象在成功自杀的案例中是多么司空见惯。人们通常会在采用各种英勇的措施后，检讨这种不幸的境况，这使人们得以宣称，已经尝试过一切方法，无法责怪任何人。人们很容易看出，在得出努力徒劳无功这个结论后，之前的不适之感会逐渐烟消云散。一个无法治疗的案例只不过是一个不幸而无法避免的失败，这个失败是必须被接受的。否则，失败会一直阴魂不散地困扰着你。

毫无疑问，调查精神分析和心理治疗中的失败案例的一个方式就是收集大量的被选定为失败的案例，并考察很多变量。人们可以判断病人是否在性别或年龄上存在差异，治疗时间的长短是否有所影响，治疗师或分析师的年龄或性别是否重要，某个理论流派的支持者是否比其他流派的支持者更占优势，甚或金钱是否是一个影响因素。"失败"这个术语的模糊性和易变性很快使进程受阻，直到人们建构了某种操作性定义为止。为了容纳关于什么是失败这个问题的一系列观点，我们或许可以制定不满意度的等级。人们总有一天会意识到，那些声称"我没有失败案例"的分析师或治疗师与那些声称"我的所有案例都失败了"的分析师或治疗师并无二致。在这两个例子当中，失败的本质依然没有得到考察。最终，也许会形成新的任务，即确定失败的基本含义。这就是这本书之目的所在。

为了解决失败的模糊性和不确定性这个问题，一个最简单的方法就是宣称失败是"不可判定的"（undecidable），从而将其置于个人意见的类别。然而，我们很难否认，失败不单纯是一种意见，而往往是一个毋庸置疑的事实。这种事实与意见形成对峙的颇为特殊的情况值得我们作进一步分析。这种对失败的分析必定使我们更好地理解失败对我们有何影响，我们如何理解其对我们的意义，以及如何以最好的方式对他人开展关于它的教育。当然，我们关于失败的研究与他人可能期望的实证研究相去甚远。

接下来要谈一谈为什么人们"不"应该去考虑对失败案例进行实证研究，比如收集大量的案例，从而试图确定失败案例的某些重要参数以及特定变量。甫一开始，我们在此类研究中遇到的第一个障碍就是，决定什么才能算得上是失败案例以及由谁来作出这个决定。这有点类似于那种测量各种精神病药物的疗效的研究，但是又存在某些显著的差异。抑郁症采用药物治疗，触礁的婚姻采用婚姻治疗，乍一看上去，这二者都具有一个需要引起关注的界限明确的问题。但是，它们之间的差异性开始显现，抑郁症的本质颇为单一，而触礁的婚姻的本质则是异质性的。也许人们可以很轻松地判断每一个案例中无可争辩的成功治疗或同样无可争辩的失败治疗，这种情况或许也适用于许多其他形式的心理问题。然而，人们往往无法轻易判断一个案例是成功的抑或是失败的，大多数问题都需要对失败或成功进行主观的评估，尤其是因为大多数问题不容易被命名并且缺乏明确的对症下药的方法。我们将（在第十六章）更详细地讨论在确定各种治疗的疗效上的不确定性，但是这种问题鲜少有明确的答案。

大规模的实证研究存在的另一个问题就是如何知晓什么是重要的和什么是无意义的因素。年龄、性别、金钱和地理位置也许一点都不重要，单纯增加需要考虑的变量也或许无助于揭示其意义。

放弃大规模的实证研究而转向对失败进行仔细分析，与其说这是一个终结点，不如说这是一个带有历史和可变影响的过程。失败分析必定会揭示如下内容：失败是如何随着时间流逝而发展的？导致失败的可能原因是什么？如何更好地应对失败？尤其是，失败对我们有何影响？这就是我们接下来要谈到的内容。

第 3 章

面对失败

　　当我有如下的经历时，我觉得其他的分析师和治疗师也一定有过类似的经历。我随后觉得所有人无疑都需要有一次这样的经历，但是我也不能完全肯定。我曾花了好几年时间为一位病人治疗，对他在治疗中此消彼长的进步与退步颇为熟悉。也许我还没有准备好面对他突然爆发的怒火和一心要自杀的念头。他对我咆哮，说我和精神分析都让他失望，他坚持要我给他开药来治疗他的愤怒情绪，并要我承认我对他的这种治疗无济于事。在我对他的愤怒背后所隐藏的意义作出解释的同时，我暗自感觉他或许是对的。我所认为的我付诸努力以及发自内心的好意显然都错了。我意识到失败的可能的真相，并颇为迫切地希望找到另外的替代性治疗方法。

　　后来我发现，我的感受或许一度与他的父母一样，但是在那个时刻，我感到自己彻底失败了。我还算足够幸运，能从绝望的井底爬上来，但是我坚信，每一位内科医生、精神科医生、心理治疗师和精神分析师都必须尝到失败的滋味，都必须与挫败感所伴随的自我怀疑和文过饰非作斗争。有时候，我们有幸能够克服这种绝望，转败为胜，或为之辩解。但是有时候病人确实是对的，不管是公然的宣称还是以某种其他不可否认的方式表现出来。也许有人一辈子都在为他人进行治疗并且成功地避免失败，尽管我很难相信会出现这种情况。但是，最重要的是，我认为这样的人错失了非常有意义的事情。我们必须在某些时刻感受到那种尽管我们竭尽全力却徒劳无功的情形所导致的心情。因为有时候事实的确如此。

　　然而，我很快就面临另一个方面的困境。另一位病人，另一个故事，另一新系列的感觉和惊愕。这个新叙事中的病人是一个任何人都无法为其提供帮助的人，他简直就是一块宣传失败的广告牌。换了一个又一个治疗师，服用了一种又一种药物，采纳了一个又一个深思熟虑的建议，然而这些都无济于事。只有遇到这样的病人，你才能获得成功，因为下一次失败将被融入这个不断展开的叙事中，而成功只能成为一次凯旋而已。野心燃起了对胜利的渴望，暂时使人看不到再一次失败的可能性。

　　成功就像某种春药一样。它是一种正面的感觉，会使人坚持在其他人看来已属绝望的境地作出不切实际的评估。我们总是处于失败与成功这两极之间，但实际上是感到绝望或幸福。

　　当然，中庸的立场是最理性的、合理的和明显的。人们做到了最好，然后就可以开始说一些陈腔滥调，比如说，"不管后果如何""世事不可强求"，等等。失败的恐惧或成功的光辉都无法让人们偏离各司其职这个中立的立场。忧虑或想象中的喝彩都没有立锥之地。确实，中立的立场是可取的和必需的，因为（有理论声称）极端的立场往往会导致治疗失败。治疗师的渴望和绝望都会影响其判断的客观性，而后者是成功治疗不可或缺的。渴望和绝望都需要治疗师作出某种形式的自省，从而有助于治疗顺利进行。治疗师对治疗的感觉应该源自治疗结果以及对治疗本身的审视，而不应该源自其他地方。治疗之前并没有成功或失败以及它们所伴随的情绪，它们必定是在治疗之后产生的。期望过高或过低都是危险的。

　　然而，这样的中立的立场只是短暂性的退缩或小憩之地，野心或焦虑总会卷土重来，因为它们似乎总是以这样或那样的方式参与治疗。确实，它们经常会推动治疗，并且有时会与治疗形影不离。每一位有责任心的治疗师都害怕失败，而对成功充满着憧憬。每一位治疗师除了致力于尝试和开发出有效的治疗措施之外，也对已经验证可信的治疗和常规操作予以灵活运用。我们必须以某种方式对成功与失败这两个极端情况保持不偏不倚的态度，但是我们不久就发现，这种中立的态度也有某些不现实的成分。也可以说，这种中立的态度或许更倾向于不稳定。

　　当我的病人怒气冲冲地痛骂我浪费了他的时间和金钱时，我作出各种各样的反应，这包括改变药物的剂量，怒气冲冲地反驳他的指控，感到懊悔和自责等。如果我保持沉默，这主要是因为我别无选择，并非我刻意为之。我对病人作出的所有可能的诠释都似乎过时了，而我又找不到新的说法。我不甘心接受失败，但它似乎无法避免，当失败的确出现时，我找了一连串的借口，而尽管后者最初以各种各样的形式表现出来，但是万变不离其宗的是这样一种唯一的主张——我是无辜的。这种糟透了的处境应该归咎于某人，而这个某人或许就是这位病人，或者是其他人，反正不是我。我后来了解到，几乎所有尝过败绩的治疗师都有一大堆适用于不同场景的托辞。当我们无法找到托辞时，我们便希望能得到宽恕。人们或许期待能出现与指责和宽恕都迥然不同的东西。如果事情出错，那么人们期望另辟蹊径来处理。我们会改变时间、顺序、工具或材料。以失败充当动力，促进改变。如果我们拘泥于一套做事的方式，那么我们不会催生这样的变化。

尽管我们难以将失败当作朋友，但是如果没有它的定期出现，那么没有希望可言。失败是促进改善的原动力之一，那些不知道失败为何物或一直想要驱散失败的人最后都会自己失败。他们无法打破陈规，从而无法抵达创新的彼岸。根据矛盾论，矛盾总是存在的。对那些我们最希望避免的事物的消极方面，我们需要去研究并友善地对待。

错误和过失

我们需要意识到，失败不仅仅是做错了事，这种认识本身就是个错误。失败有多种表现形式，包括没有做本应该做的事情、做了本不应该做的事情、做了非常错误的事情。这些类别中的每一个类别都有各自的子类别，而其数量要么过多，要么过少。我们将在下面依次简要地介绍。

1. **没有做某事**。在心理治疗和精神分析中，沉默是一种常见的现象。它的无所不在往往只是为了掩饰不知道要去说些什么。一位病人曾向我报告，他不记得他的分析师说过什么话，即使在他宣布自己打算终止治疗时，分析师也没有说话。由于这位分析师没有作任何回应，这位病人认为这代表了默许，因此他接着宣布了一个离开的日期。他一言不发地离开了这场无声的滑稽戏，而从那时起，他就不再理会这次治疗并且鄙视它。分析师的缄默不语让这位病人感觉自己受到虐待和忽视，而我们或许能够想象到，这位分析师本人简直就不知道要说什么。

有趣的是，沉默获得了一个积极的效价，从而抵消了它作为人们藏愚守拙之场所而具有的消极意味。沉默使病人得以将他（她）的幻想投射给分析师，所以分析师一定要忍受沉默，不管他（她）多么想开口说话。因此，这巧妙地将保持缄默合理化为一个优点。

当然，沉默寡言与话唠之间的拉锯战并不能通过决定恰当的谈话量得到解决，因为拉锯战发生在有话要说的情景中。只要说过的话或沉默都是恰当的、相关的和有助于理解的，那么显而易见的是，人们确实既可以唠唠叨叨，也可以三缄其口。因此，此处的失败指的是不去谈论那些需要谈论的问题。这是一种错误。

2.做了本不应该做的事情。我们需要将这个类别与做错事这个类别区分开来，尽管过度和过失通常被混为一谈。为了帮助大家清楚地区分它们，第一种错误（即做了本不应该做的事情）就是对完全成熟的治疗技术的不当运用或滥用，而第二种错误（即做错事）就是采取了对某位特殊病人的治疗来说没有或鲜有任何帮助的行为。

现举一例来说明第一种错误。一位病人向分析师讲述了自己的童年故事。他的童年过于悲惨，乃至使倾听的分析师为之一掬同情之泪。这个悲伤的故事使分析师对病人产生共情，但是它也导致分析师过度认同，从而无法保持一种可行的治疗距离。

共情通常被视为治疗立场中一系列必要属性之一，或更贴切地说，是治疗立场的基本方面。人们认为共情十分关键，乃至于没有产生共情的分析师或治疗师被自动纳入失败者的行列。尽管"共情"这个概念非常晦涩难懂，但是人们能够并且应该会发现，对"共情"的夸大其词和缺乏限制会引发内在的危险。这种关于过度的特定例证被认为与做错事形成鲜明对比。

3. 做错事。做错事本应该是最容易被界定的类别，对常说的违规来说尤其如此，而实际上，它往往最难以被说明白，也最容易被合理化。我们有大量的治疗操作规则，我们也有违例清单和监管会来对违反这些规则的行为进行监控、评估和惩罚，因此这里不需要展示治疗实施中存在过失和品行不端的例子。

最异乎寻常的犯错方式或许并没有得到这一套纠错体系的太多考虑，而这就是颇为司空见惯的和经常出现的错误——建议和提供错误类型的治疗。

案例

某位病人和他的妻子不断争吵，并反复以离婚来威胁对方。在做了精神病学的评估后，医生建议他们去接受婚姻治疗，该治疗包括每周一次的夫妻治疗以及丈夫或妻子偶尔接受的个体治疗。在经过一段漫长的治疗期后，他们中断了这种特殊的治疗方式，所有相关人员都认为这次治疗是不成功的。他们几乎马不停蹄，就找另外一位治疗师开启了另一段婚姻治疗，而最后的结果依然不尽人意。他们的婚姻多年来都不断充斥着尖酸刻薄的争吵，而他们也参与了一系列的个人治疗和夫妻治疗。这位男士在一段时间内服用了抗抑郁剂，感觉到治疗效果真是一言难尽，婚姻质量鲜有变化，但是夫妻双方情绪化的和公开的打架的次数有所减少。在接受了另一段时间的个人治疗后，这位病人被转介到精神分析，尽管他非常不情愿去尝试这种治疗，但在非常短的时间内，这位病人和他的婚姻质量都发生了显著的变化。

列举这个案例不是为了证明某种形式的治疗比另一种形式的治疗更为有效，而只是说明，治疗误用的情况能够并且的确会以不同形式和在不同范围内发生：接受精神分析的病人也许实际上需要接受认知行为疗法（CBT），接受认知行为疗法的病人如果进行恰当的药物治疗则会取得更好的疗效，接受长期的个人治疗的病人也许会因夫妻治疗而受益，等等。如果我们没有开出合适的处方，我们便做错了。我们之所以经常会开出不合适的处方，是因为我们由于无知、偏见、贪婪或其他各种各样的借口或合理化而对替代性治疗方法感到陌生。我敢肯定，这种特殊形式的失败最常见的辩护方式就是这样来解释：这是出自我们的好意，并且缺乏明确的依据表明某种治疗比另外一种治疗更加有效。"好心办坏事"似乎成了我们标志性的说辞。

当然，这一章都在讨论做错事这一类别，因此我们必须明确这最后的一个类别主要是为了让大家关注如何选择治疗方式。其他的类别只有在选择了某种治疗方式并开展了一个疗程之后，才能被纳入最后一个类别中。由于选择是一个涉及多方面因素的复杂过程，所以我们有必要将选择限于心理治疗、精神分析和最终的个人治疗。从根本上说，广泛撒网是不对的，因为我们预期很少有人能在远远超出他个人能力的范围内做决定。

在错误的选择这个类别中，在基本原理、治疗频率甚至是咨询室的家具方面都存在广泛差异。某些分析师或治疗师仅仅偶尔接待病人，某些每周一次接待病人，某些每周两次或三次接待病人，而某些精神分析师在必要时会每周接待病人四到五次。某些分析师或治疗师会提供建议，某些会修复关系，某些会诠释移情以便使病人察觉到无意识的内容。某些分析师或治疗师会和病人面对面地交流，而某些会让病人使用长沙发。治疗师通过感觉来判断，病人需要什么和自己做了什么，从而作出决定。通常，作决定能让我们比平常更加坦诚地思考失败。

失败和期望

一个人因没有达到自己的目标而失败，而模糊性和不确定的状态在此出现。如果一个人罹患一种带有特别症状的特殊的疾病，那

么显而易见的目标就是移除或清除病理。每一种治疗都涉及一个常
模量表，这在某些诸如高血压或反应性抑郁症等特定案例中非常明
确，而在诸如性取向或幸福感之类的其他案例中则非常模糊。精神
病学已经试图通过《精神疾病诊断与统计手册（第四版）》[美国精
神病学会（APA），2000] 和《精神疾病诊断与统计手册（第五版）》
（美国精神病学会，已出版）来阐述详细的诊断类别，以及为了治疗
的效果而接受循证治疗来解决这种不确定性的问题，但是模糊性依
然存在。病人带着各种各样的问题来寻求治疗，从悲伤到购物等问
题。某些病人想要结婚，而某些病人想要离婚。某些病人是被他人
送过来进行治疗的，而某些人因自己需要治疗这件事而感到羞耻。
除非案例有清楚的、确切的和可以实现的目标，否则案例就会出现
与之相对应的失败。除非治疗师认可了清楚的、确切的和可以实现
的目标，否则他（她）不会竭力去理解导致失败的一个或多个原因。
令人遗憾的是，病人的目标往往与治疗师的目标不一致，因为这种
分歧从未被明确提出，并且往往甚至是从未被讨论过。

案例

　　麦克的生意合伙人打电话约麦克见面，并告诉他觉得与他共事
极其困难。随后麦克打电话给一位精神分析师预约了治疗。麦克感

觉自己是一个随和的人，尽管偶尔会对生意合伙人表达不耐烦的情绪。与麦克见面的这位生意合伙人自己在接受精神分析，她坚持认为麦克应该去找一位精神分析师进行分析，并且她的一个同事暗示麦克这位潜在的病人（麦克）或许有抑郁症，所以她们觉得为麦克进行心理评估扫清了道路。这位被假定的病人根本没有感到抑郁，不过他相当乐意甚至迫不及待地接受了检查。他对自己接受精神分析这个想法感到犹豫不决，而在他接受一两次分析后，的确觉得没有必要进行任何形式的治疗。他显然还不是一位病人。分析师提供了好几种方案供这位潜在的病人选择，这包括精神分析、心理治疗以及偶尔的会谈，但是麦克和这位分析师的目标确实都无法被清楚地阐明。然而，如果他们的目标被清楚地阐明的话，二者之间无疑会存在显著差异。分析师或许会说其目标是获得洞见，使这位男士变得更合群（即，使其性格产生变化）。这位"非病人"也许希望他的同事能够认为他是一个更有合作精神的人。所以他们的想法并不一致。

　　几个月后，麦克又与分析师预约了一次治疗，而这次他似乎成了一位货真价实的病人。他的生意进展不好，他的生意合伙人开始盘算着揪出一个罪魁祸首。而最初似乎听不清的批评声变得清晰可见。这位潜在的新病人开始作思想斗争，不知是该怪罪生意状态抑或是责怪他自己。他试图尽可能少犯错。他所需要做的就是，变得更有耐心和更善于倾听他人的意见。也许他必须变得与之前不同，这样的话他就必须承认自己的问题，从而与分析师达成一致的目标。然而，由于分析师认为，可分析性远非不满意和不开心那样简单，因此其目标与病人的目标并非一致。麦克似乎对成为某种病人感兴趣，但是他远未达到精神分析的病人候选人的标准。

　　分析师更改了一直以来都可能是不切实际的那个目标，想看看这样是否能够治疗麦克。这个新的类别非常广泛，乃至于需要对治疗目标作迥然不同的考量。迟早，这个目标需要从解决病人之外的问题转移到解决病人本身的问题上。只有当病人承认了自己具备某种形式的病理之后，分析师才能考虑改变治疗的目标。

　　许多治疗因为没有达成统一的目标而宣告失败，但是这种特定类型失败的范围很广，这包括恰当地设定目标和总是更改目标的现状。在治疗的过程中，目标总是被更改和修订，并且此类变化往往是含糊不明的。如果一位病人本来宣称决意要结婚，可是过了一段时间后他（她）觉得或许保持单身的话会生活得更好，那么就婚姻或许被人视为健康的标志而言，这种变化是归咎于协商后的妥协还是归咎于一个糟糕的决定呢？一个人能否在不偏离常模量表的基础上更改他（她）的目标呢？

妥协

　　西格蒙德·弗洛伊德（1925）描述了精神分析如何解决病人的症状，从而谈及了症状的可治愈性这个问题。这意味着披露潜意识的内容能基本消除症状的核心部分。前来接受治疗的病人，有的因遇到诸如丧失或其他创伤等特定的外部事件而产生症状，有的并没有特定的诱发因素而出现症状，或者有的病人仅仅是为了舒缓终身的性格方面的痛苦而来寻求治疗。如果建议他们做精神分析，那么我们会得出这样的结论：无论是什么潜意识因素在发挥作用，消除它们也许就能够消除上述三种类别中的症状。然而，在某些人看来，消除症状尚不及洞察潜意识的内容来得重要，比如说，麦克斯韦尔·吉特尔森（Maxwell Gitelson）就坚称，消除症状只不过是通过精神分析达成理解的一个副产品（Goldberg，2001）。人们基本上是为了更好地了解他们自己而被建议去接受精神分析，而他们可能在这种追求中能够感到更好。我们将在第十二章继续讨论这一点。

当然，将自我感觉更好这种状态降格为类似于偶然发生的不确定的状态（意即症状减缓不过是精神分析的一种副产品——译者注），这是有点不切实际的。然而，它的确使人们得以建议每一个能够被分析的人去接受精神分析，而后者毋需去担忧，除了获得这种个人洞见之外，还需要获得任何个人改善。因此，病人因外部事件而出现急性发作的症状时，其病情也许会在接受包括精神分析在内的各种各样的治疗后得到改善。那些带有令人费解的症状发作的病人或许更可能会被建议去接受精神分析，而那些有着长期的性格问题的病人往往被送来接受分析治疗，宛如嫌犯在终审法院过堂那样。这就是我们往往对我们的目标作出妥协的地方，从而也是"失败"这个概念变得扑朔迷离的地方。

心理动力学流派的心理治疗这项事业比精神分析更不容易让人失望，这往往的确如此。尽管有吉特尔森提出的警告，精神分析也通常给病人许下更多的承诺，也往往让病人感到失望。治疗旨在努力实现有限的和明确的目标。精神分析则是一种过于开放和无限制的活动，乃至于它往往以达不成目标而告终。因此，精神分析的一个必要条件是分析师要降低自己的雄心，即使雄心没有在移情中出现。

然而，有时候，在移情中再现父母的无意识意象颇为重要，而其对子女以及他（她）自己都抱有过高的期望。我一位愤怒的病人的治疗失败让我感到害怕，它本身传递了如下双重信息（即，分析师并未治愈病人，他的父母也不称职）。我的病人的父亲曾经问他（病人），他（父亲）是否是个好父亲。他的父亲只有在内心若隐若现地流露出自责的情况下，才需要此类宽慰。我的病人不知如何回答是好，因为他既无法原谅也无法忘记。他在对我的慷慨言辞中表达了他对自己陷入这种困境的愤懑之情。父母的失败加上精神分析的失败，此类真相从来都不是显而易见的。或许，每次精神分析的成效只能算差强人意。

成功

不久前，我参加了一次会议，会议中的一部分内容是精神分析的不同流派或理论展示它们的观点，有点为获得承认而竞争的意味。当某个流派的一位代表开始展示案例时，一位同事转头悄悄地对我说，这位特殊的展示者在很多场合定期地和重复地展示他的这个特殊案例，尽管它是几年前的旧案例。向我耳语的这位同事想表达的意思是：这个例子是这位展示者职业生涯中唯一成功的案例，所以他在每个场合都把它拿出来炫耀。我之所以回忆这件事，是因为我想强调成功案例寥寥无几的可悲现状。

成功难以稳定。关于什么是成功，人们尚未达成确定的共识。如果一位病人带着明确的目标来开始治疗，并且这个目标与治疗师的目标相一致，如果这个目标实现了，那么成功的含义是明确的。我并不清楚，从总体上说，病人和治疗师的目标相一致的情形有多少，但是我猜想，这样的情形是罕见的，并且是在不断进行的治疗过程中制定的。一旦精神分析或心理治疗开始了，治疗的目标就会自然而然地被修订。

案例

前文我曾提及的易装癖男士，他接受了精神分析，宣称希望自己能够斩断那种像女性那样着装的欲望。他的分析师认可了他的目标并开展了精神分析。除了这位病人继续男扮女装之外，治疗的其他目标和意图都成功地实现了。这位病人对这次精神分析相当满意，后来向精神分析师写信确认自己的这种感觉，并指出这是一次持久的成功。由于这位病人对包括他的易装癖在内的生活的许多方面感觉良好，所以作出这种特殊的评价。而精神分析师的感觉则与之不同。病人继续男扮女装，这难道不是一种失败吗？治疗过程也许进展顺利，但是最终的结果令人沮丧。

这个案例不仅表现了参与治疗的双方所持的五花八门的观点，而且强调了一种关于如下标准的不确定性：什么是病态的和不正常的行为，什么是属于个人选择的行为。

在大多数情况下，每位内科医生、精神科医生、心理治疗师和精神分析师都想尽自己最大的努力和怀着对成功的渴望而开始每一次治疗。人们也许会害怕失败，但是永远不期盼失败。尽管我们脑海中会闪过失败的念头，但是我们决不考虑去接纳它，而总是试图排除它。因此，不足为奇的是，由于我们过于关注成功，所以往往对失败视而不见。我们无法真正地直面失败，而是将失败审视为缺乏成功的表现。然而，失败本身可能值得我们进行研究（即，不是当作一种缺失，而是当作一个可以触摸得到和可以理解的实体）。正如本章所指出的那样，失败有多种表现形式，这包括不做某事到做错事等。然而，所有形式的失败背后都存在着一张由原因和理由编织而成的网。在大多数情况下，我们只有在迫不得已的情况下才会去想为什么我们做错了或为什么没有做对。

在选择的交叉路口三思而行听起来是执拗的，但是也许会让我们受益。此类选择包括从同意接待和治疗某些病人，推荐某种而不是另一种治疗，到采取某种特殊的治疗过程而不是其他过程，等等。所有这些选择都可能导致失败的结局。我们也许会在不熟悉替代性治疗的情况下作出选择，或者会因为个人需要而选择另一条路而不是其他的路，或许会因某个糟糕的建议而作出选择。不管我们作出了什么选择，我们都会阻断另一种可能性，而选择前的停顿是很有必要的，它或许会有利于我们果断地和有力地执行决策。有时候，我们并没有坚定地贯彻执行我们所选择的治疗方案，整个治疗过程中会为一个或多个替代性治疗方案纠结不已。比如说，某位病人每周做一次治疗，而治疗师会在脑海中不断冒出更高频次或更低频次的治疗的念头，甚至为此感到焦虑。甚至有这种可能性，这种持续的怀疑也许会对治疗过程有帮助，因为对可能的失败保持敏感未必是一个不利因素。

所有的失败都是一种双向建构，治疗师或分析师的野心和病人的期望共同导致了它的产生。失望是失败感的典型特征，而这种感觉并不总是每一个人都有，因而它是协商的结果。责备也伴随着失望这种负面情绪而产生，它也是一种双向建构，但是它鲜少会被平分秋色。精神分析师知道这种顺序——希望在前，失望接踵而至，责备殿后，这与童年时期受野心和自夸幻想驱动的事件的发生顺序相类似。我们努力将希望和绝望背后的非理性成分与现实因素分离开来，后者可能会恰当地评估和最终将成功和失败标准化。遗憾的是，只有极端的成功和失败才容易被评估。当我们个人的主观利益掺和到协商过程中来时，我们就丧失了判断的客观性。因此，失败正如很多概念那样，也许是我们无法准确界定的东西，但是当我们看到它时，我们就知道是它。如果我们决定去直面失败，就会明白它到底是什么。

第 4 章

排除失败

事实证明，对精神分析和心理动力心理治疗中的失败案例展开调查，比人们想象中的要更为复杂，而回顾起来，把它想象成小事一桩是过于天真了。当我们努力招募分析师和治疗师去某个研讨会上展示他们的失败案例时，我们开始意识到这种困难。许多人很常见的初始反应就是大笑，他们说自己没有失败过，然后迅速走开。有一个人说他没有空，当他听到只需要耽误他一个多小时的时候，他一时半会有些吃惊，在知晓我们的会议定在周几后，他很快恢复了镇定，坚称他届时无法赴会，然后迅速溜走了。有几个人明显感到非常吃惊，感觉自己受到了侮辱，而他们似乎无言以对。很多作出回应的人要么坚称他们没有做记录，要么称他们弄丢了记录，还有一个人很配合，伤心地称他关于一个案例的所有的特殊记录都毁于一场火灾。有一个人同意做展示，但是在第二天，他在长廊的另一端大喊着他来不了了，然后快速离去。有少许人说他们就是无法做这种展示，也做不了。至少有一个人同意展示一个失败的案例，但是他最终展示了一个成功的案例。据他说，这个案例一度似乎要失败，直到他扭转乾坤，转败为胜。

我们从对这个调查的无知变成了好奇：为什么这么多治疗师都如此害怕失败案例，乃至于不敢去披露它们并对它们进行事后分析。

人们显然会对诸如医疗事故和车祸那样的失败进行仔细研究以避免重蹈覆辙。然而，我们知道，或不久就会发现，当汽车被召回或医院重新回顾病人的不幸结局时，有关人士会立即作出否认或驳斥的反应。汽车制造商这样做是为了保护它们的汽车的销量，医院这么做是为了保护它们的形象。当找到医疗事故的解决方案后，有关人士会作出各种各样的反应，但是最终都会舒一口气，保证不会重蹈覆辙。这似乎与我们的领域的情况不同。医院和汽车制造商这类机构能够公事公办地处理此类问题，尽管有时会有一个人或更多的人替人背黑锅。然而，精神分析师和心理治疗师都是由个人来承担失败的责任。在少数场合，身为学生的分析师候选人会展示一个案例，明确指出是督导师坚持让他（她）这么做，如果出现不幸的结局，那肯定也不是他（她）们的错。当然，这种做法与"狗狗吃了我的作业本"这样的说辞差不多，明确传递出想要逃避责备的信息。当我们开始采访展示者对披露自身失败案例的反应时，责备这一核心问题成为显而易见的问题。

展示失败案例

我们会对案例展示作出某些常见的反应，并对那些愿意披露自己工作的人提供关于这样做有何意义的某些观点，我们的反应，莫过于此。向一群治疗师展示自己的案例是一件充满变数的事件，也许一项大规模研究能够更加清楚地描绘这种情况，但是其中一个主要变量就是，听众的组成以及一个人对裁判或评价者的熟悉程度，他们的判断和评价都是带有个人色彩的。

在被问及为什么决定要做展示的时候，几乎所有的展示者提供的理由都是正面的，这包括希望学到更多的知识和想要分享有趣的经历等。当做完案例展示后，他们当中很多人都报告说，这完全不是一种积极的体验。他们抱怨道，这是一种"施虐受虐"式的团体练习；听众无法无天和兴奋过度。不过，他们几乎一致认为这是一项值得做的任务，并且愿意再参加此类活动。对某些人来说，这听起来像是要去看牙医，而对另一些人来说，这像是要去教堂做礼拜。正面的评价与下列因素有关：从不同的角度来看待案例，意识到错误，能更好地感受到病人的心理状态。因此，喜忧参半的评价凸显了这样一种印象：这是一种既痛苦又必要的煎熬。从某种意味深长的心理学角度看，展示者与逃避者是不同的，前者对批评没有后者那么敏感，对自己也更加自信。然而，似乎所有人都很在意失败。

某位展示者将他的经历比作一种轻微的心理创伤的状态，其后紧跟焦虑的梦。创伤事件后接踵而至的心理重建可能是有益的，也可能是有害的，因为它既有助于人们学到更多知识，也可能带来破坏性，人们有可能继续受到长期的焦虑和愤怒的困扰。也许这就是那么多潜在的展示者都不得不回避的原因，也是他们会高度关注听众的反应的原因。这也许还能解释：如果有人邀请他们再去讲，他们几乎都会答应。事实上，即使没有被邀请，如果有机会，也有少数人愿意再讲一次。

　　我们在努力理解失败的过程中所出现的问题无疑与做展示的治疗师或分析师有关，他（她）们充当评审人或裁判，来判定案例是否失败。这使我们转而关注此类展示者所提供的失败的理由，尤其是它们如何与听众所提供的理由相同或不同。当然，那些逃避展示的人认为这个任务代表了自身的失败，而那些渴望做展示的人也许觉得失败与他本人的关系并不大。

原因

　　如第二章所述，当被问及失败案例的原因时，很少有人会把问题归咎于治疗师缺乏知识。相反，如果有错误的话，那么它存在于治疗关系领域中，比如说，反移情问题、共情失败，或是那些被视为符合特定的批评家思考和阐述案例的方式的问题。只要一个人仍然处于达成一致的理论思维领域，那么失败会由不当操作或表现导致，而非由知识欠缺所导致。由于在参会人员中自体心理学家占大多数，所以关注的焦点是共情联结的本质，但是，其他人很可能会觉得，主要的问题是对妥协达成或其他可能性所作出的诠释的本质。不知如何治疗被简化为无法注意到和理解问题，从而与不知如何恰当地采取行动区别开来。因此，宣称案例展示使得治疗师"更好地懂得病人的心理状态"，这指出了在更加充分地理解病人这点上存在不足，这显然与没能意识到需要更好地"理解病人的心理状态"是有区别的。

当我们向一群志趣相投的分析师或治疗师展示失败案例时，我们就像参加团体督导活动一样。团体成员具有共同的信仰背景，我们可以想象一下，如果某个浸淫于克莱因派或拉康派理念的人向一位自我心理学家展示案例，那可能会出现多么不和谐的场面。如果我们偏离可接受的词汇和观念系统太远，那么需要重新考虑"失败"这整个概念。安全地待在那些由说同一种语言和具有共同的历史背景的人构成的团体中，这会使人们心照不宣地认可某种常模量表，而后者被人们用来评估治疗的合适与否、成功还是失败。

分配责任

在一期精神病学杂志（Brent et al., 2009）上发表的某篇文章（我们将在第五章予以详细阐述）描述了罹患抑郁症的青少年所表现出的"难治性"，并主张治疗师或精神科医生决不会对治疗失败负责，根据这种特殊的文字游戏，这种失败归结于病人身上的疾病，因此是疾病或病人在阻碍治疗。这篇文章没有提及认知行为疗法（CBT）以外的其他心理治疗，所以自然会赢得一群不同的相关治疗者的支持。失败也只是就认知行为疗法或药物治疗而言，评判案例是成功抑或是失败，其依据要么是治疗师对症状的处理情况，要么是病人的幸福感。药物治疗也许具有与心理治疗相同的特征，但是它对确定究竟是什么因素在起作用的整个过程提出了质疑。

如果我们将研究限于精神分析和心理治疗，我们肯定会像我们进行药物治疗的朋友那样感到愧疚，因为我们都对其他人的营生以及他们可能获得的成就不够熟悉。各个流派之间形成的壁垒不利于知识的传播。我怀疑在所有的分析师或心理治疗师的执业过程中，几乎都有这样的例子——某位病人在接受精神分析或进行心理治疗时，也会得到药物治疗。此类双重治疗往往由两个执业者展开，而即使他（她）们彼此有交流的话，往往也是罕见的。开展心理治疗的治疗师也许会或不会去跟进药物治疗的不同作用模式，更别提去掌握不同的剂量。执业者会提供各种各样的解释和合理化的理由，来解释那些通常被人们认为不可接受或至少可以说是不明智的治疗。正如分析师知道病人对药物和药剂师都产生移情反应一样，精神药物学家也知道药物治疗和心理学诠释对病人产生的安慰剂效应。

有很多种方案来解决病人的此类特殊的不同形式的双重治疗问题。一种方案是保持严格的分离，主要是开展治疗的两位治疗师彼此都不互通信息。第二种方案是两位治疗师有大量的接触和交流，但是在权力和专业技能上进行明确的分工。第三种方案是由一个人身兼两职，即既能开处方，又能开展心理治疗或精神分析。当然，关于到底采取哪种方案，这取决于开展治疗的治疗师的资质和能力。至少，某些案例之所以会失败，是可能因为没有对病人的特殊需要——如何最好地做到理想地使用、不使用或偶尔使用药物治疗——作出评估。遗憾的是，治疗师在作出决定时，对实用性的理由的考虑胜过对病人之间的差异的考虑。如果一个人不会开处方或不熟悉各种移情反应，那么关于哪种治疗对病人最适合这个问题就会被搁置一边。我们极少会听到这样的转诊案例：主要为了使治疗者组合更好地为病人服务，将病人转诊至心理动力流派的心理治疗和精神药理学的治疗。现今，实用性主导一切。

范式的问题

在精神分析和心理治疗中出现了一种显著的劳动分工。我最近读了由著名的精神分析师所写的一本书和一篇文章，其中有两个惹人注目的例子。那本书（Ellman，2010）对那些为精神分析理论作出重大贡献的人进行了回顾，其中包括西格蒙德·弗洛伊德（Sigmund Freud）、梅兰妮·克莱因（Melanie Klein）、威尔弗雷德·比昂（Wilfred Bion）等家喻户晓的伟大人物。可是，这本书并未提到雅克·拉康（Jacques Lacan）。那本书的作者声称自己对拉康过于陌生，乃至于没有把他纳入书中。另一方面，那篇文章则与除拉康以外的几乎所有的精神分析思维针锋相对（Fink，2010）。而文章的参考文献部分除了一条法文文献和托马斯·库恩（Thomas Kuhn）的一条文献外，均引用自拉康的作品。这篇文章对精神分析理论中"理解"的核心地位进行了抨击，但是它并没有使作者本人之外的其他人清楚地明白"理解"这个词的含义。那本书旨在对精神分析的理论家进行论述，并详细阐述他（她）们的理念与其他人的理念的相同点和差异，它更倾向于理论整合。

当然，拉康在精神分析思想及其理论化中占有足够重要的地位，因此值得思考。但是，人们也的确就"理解"（德文单词"Verstehen"，英文单词"understanding"）这个概念争论不休。正如精神药理学家在心理动力派心理治疗中无用武之地那样，很多精神分析师和心理治疗师也都同样固步自封，受到了他（她）们自己的思维方式的限制。

替代性治疗

我们研讨会的很多成员都建议，在病人没有经过"替代性治疗"处理的情况下，不能把失败案例视为无法治疗的案例。这使得我们领悟到，我们相互孤立的实践和知识的关联性。遗憾的是，主要由于我们对替代性治疗知之甚少，所以我们无法就如何选择替代性治疗作出明确的指导。正如心理动力流派精神药理学家能够通过祭出"难治性"这个概念来摆脱失败的拥抱并不去考虑心理治疗那样，精神分析师或心理治疗师同样能够提议某些其他形式的治疗或许有效，从而摆脱失败所带来的不适之感。但是，最可能出现的情况就是各个流派的治疗师对其他人都知之甚少。对精神分析和心理治疗来说，这个"其他人"包括所有与我们自己不同的人。

不是每个能被分析的人都应该接受精神分析，也不是每个人都能被分析，同样道理，我们目前无法区分能被分析的人与不能被分析的人，也无法区分应该接受精神分析与不应该接受精神分析的人。是否每一个接受拉康式精神分析或自体心理学治疗的人都可能解决上述关于选择的难题呢？更为复杂的是，我们究竟能不能区分，谁会从某种治疗中获益，而谁会从另外一种治疗中获益？如果一种理论方法败走麦城，那么这种特殊的治疗模式是不可行的（即，这次分析失败了，所以病人是无法被分析的），这种假设难道不是颇为司空见惯吗？一位自我心理学家向某位接受精神分析的病人推荐克莱因派或比昂派的治疗，他（她）难道完全了解的确需要这种"替代性"方法吗？除了这些未必会发生的事情外，是否有其他因素导致失败？精神药理学家也许会在试过所有方法后才将病人转介去进行精神分析，但基本是还未到这个程度就这样做了。如果一个人要被标识为"无法治疗"，那么似乎需要满足以下限制条件：（1）这个特殊的病人；（2）采用这种特殊形式的治疗；（3）在这个特定时间；（4）在考虑各种治疗之后；（5）完全知晓其他形式的治疗的运用。

从属于一个具有相似观点并且往往排斥其他方法的群体会给人带来舒适感，而这种舒适感会定期地通过如下方式得到加强：声称其他人是错的或声称他（她）没有时间或精力去改变一种经常使用的和有价值的视角。勃伦纳（Brenner，1995）不久前发表的一则评论成为了很多精神分析师的标志：一切心理学事物都可以并且应该被视为一种妥协结构。由于这种观点无法使人们对概念作出区分

（概念就像任何事物那样，都是妥协的结构），所以它是空洞无物的。除此之外，它还导致人们对此付诸行动，彻底地损害了我们与他人进行有意义的交流的能力。

所有的理论都是有效的

不久前，在我熟悉精神分析流派的自体心理学后，我也认识到我能把所有事物都看作某种自恋性人格障碍。这种能力使人们轻易地放弃了其他的调查方式。然而，我不久就意识到，几乎所有人都能够让他（她）的视野局限于某一套理论中。我们在处理所有资料时，也可以采用客体关系理论这种同样有效的理论工具。克莱因派的理论、比昂派的理论、拉康派的理论或人际关系理论亦是如此。而勃伦纳所谓的极大魅力的观点没能得出一个结论，或者更贴切地说，它强迫人们得出一个关于什么是最佳的看待事物的方式的不可避免的结论。不管你喜不喜欢，只有失败才能迫使我们另辟蹊径。

当一个人学会或恪守一种特定的方式去做事或看待事物时，他（她）往往会捍卫这种方式，不管它是一种理论抑或是生活之道。托马斯·库恩（1970）对对话的失败作出了绝好的描述：

　　当两个科学流派就问题是什么以及解决方案是什么而产生

分歧时，他们必然会彼此讨论，辩论他们各自范式的优点。这往往会导致部分的循环论证，每一种范式都会被证明或多或少地符合自己所要求的标准，而不符合对手所提出的标准。（pp. 109-110）

斯特潘斯基（Stepansky，2009）出色地证明了那些旨在整合的举措为何往往以失败而告终。然而，即便如此，也没有人敢提出调解和对话是徒劳无功的这种观点。也许我们需要以更积极的方式来看待目前的状况。当我们陷入分歧的泥沼，我们真正能做的莫过于同意我们存在分歧而已。只要你的方法是有效的，你就会死心塌地采用它，甚至试图说服别人认可它的价值。真正的信仰者通常是劝导改宗的人。你的方法如果失败了，第一反应会是去检查方法是否运用得当，然后是如何弥补错误。这是执行的问题。然而，人们通常要付出多次失败的代价，才能另寻出路。斯特潘斯基（2009）告诉我们，此类各种理论团体类似于分散的且往往相互竞争的封地，各自都拥有单独的期刊和单独的培训机构。当内部正统形成时，人们往往用负面的判断描述其他人不是"真正的精神分析师"或不是"真正的克莱因派的精神分析师"，或有时候会更为正面地给别人贴上"古典自体心理学家"的标签。忠诚和成员资格不仅会培育团体的团结感，而且往往会怂恿对其他团体采取蔑视和相左的态度。团体里的男英雄和女英雄被理想化，并且会成为精神鼓舞的源泉以及新的团体和下属团体的创始人。通常，只有严重的失望和幻想破灭才能让一个人背弃其效忠的和能从中获得其他利益的团体。这种疏远通常由人格差异而非智力差异所导致。

在此类五花八门的理论和效忠行为的集合中，令人难过地存在失败。人们几乎需要将失败视为运用不当而不是方法上的根本错误。事实上，与其说它是理论或方法上的错误，不如说它是一个缺点。如果我们认为每种理论都可能被用来解释和理解任何病人，那么我们会被要求和期望去比较它们，从而找出什么人在什么时间最适合采用哪种理论。我们与其像某些人那样去整合此类各执己见的理论（Ellman，2010），或与其坚称某种理论是错误的而某种理论是正确的（Mitchell，1988），不如去保持这样的立场：某种理论适用于某位病人、精神分析师或心理治疗师，而某种理论适合其他人。那么，问题就演变成了在某种特定的条件之下，哪种方法是最好的，而失败的发生率就变成一种相对的事情（即，对分析师或治疗师、病人来说都是相对的）。

如果我们形成这样一种心态，放弃采用单一的方法来处理临床资料这样的观念，那么我们很快会发现也需要反思我们关于成功的观念。正如我们想方设法摆脱失败那样，我们渴望成功的到来。事实上，某些病人在经过很多不同的治疗师采用各种各样的方法治疗后，其病情将会得到改善。如果我们走运点或许就会成功，而不走运时或许就会失败。对很多人来说，这是一粒难以下咽的药丸。但是，历史证明，在我们的男英雄和女英雄登场之前，很多人因这个方法而受益。这当然不是说其他人没有获得帮助，也不是在贬损我们的很多老师所做出的贡献。这只是在坚称应用方面依然存在问题。

重述要点

成功和失败都值得和需要一次仔细的精神分析调查，正如自豪感和挫败感也都需要一项客观研究那样。遗憾的是，我们欢迎成功而排斥失败。毫无疑问，不同的理论方法将采用不同的词汇，我选择这一种方法而不是那一种方法，只不过是阐明了早前的一个观点。

成功可以被恰当地等同于一个人的自尊的提升，所以成功可以被解释为对自夸妄想的正当的表达。渴望得到承认和认可，这或许是受对声望的幻想的驱动，它往往会与梦中飞翔和与对过度刺激的恐惧相联系起来。沿着这样的理论思路，失败是自尊的下降，并伴随有对空虚和抑郁的恐惧。自尊的这两种极端情况可以彼此相互调节。

除了浮光掠影地描述此类与一个人处理案例时相关的情感状态外，我们有时也会看到与案例相关的一种特殊形式的移情。

案例

我早前描述的一个让我感到痛苦和无能为力的失败案例也可用来例证，病人由于父亲产生移情而在失败中反复挣扎。这位病人的父亲偶尔想做个好父亲，却总是徒劳无功，病人能够对此表达出强烈的愤怒和失望。这位男士坚持带他的儿子去划船，但是很快就表现出自己在航行和控船方面的笨手笨脚。他总是不知道如何去安抚他的儿子，所以他只好对儿子说"别哭了"。然而，他在晚年时期经常恳求他的儿子告诉他自己是个好父亲。

当我陷入失败的泥沼时，我主要想方设法让自己不要成为那个悲哀的男人的化身，因为我感觉我内心还是希望精神分析能获得成功。毫无疑问，这种认知冲突在很多治疗中颇为司空见惯，但是人们也许需要花更长时间才能够把移情所带来的挣扎与当下的现实分离开来。为了理解糟糕的感觉，就必须在足够长的时间内认为糟糕的感觉还不错，这无异于一场反直觉的战斗。然而，只有通过认为糟糕的感觉还不错，我才能使自己摆脱糟糕的感觉，但是，自相矛盾的是，这突出了我想要摆脱的东西是什么（失败）。另一种更容易的解决方式就是陷入绝望之中，从而正好将失败归咎于别处。只有挥之不去的失败感才能让我解决这个问题，我将在第十五章中清楚地阐述这一点。

失败的回报

人们特别想要摆脱失败感，因而无疑会采取很多有效措施去应对。显然，人们都似乎想摆脱失败而不是接受失败，但是，我们只有接受失败才能够有希望去理解失败。事实上，失败给我们提供了一个机遇，因为它是一种基本的动力，使我们尝试不同方法、另辟蹊径和鼓励创造性。

请求一位精神分析师或心理治疗师展示一个失败案例，往往会使人感到这是邀请他（她）去重新体验那种与自尊丧失相关的焦虑感。只有以冷静的方式进行调查，或让不相干的第三方去调查，我们才有希望从调查中获益。只有这样，我们才能恰当地对失败案例进行考察和分类，并决定它是否是无法避免的或是否能够被深入认识。当然，如果我们把所有的事情都做对并且没有犯任何错误，那么我们的治疗必定会获得成功。如果治疗没有成功的话，这要么是由于我们做错了事情，要么是由于病人的过错。事实证明，此类各种可能出现的情况远比它乍一看上去更为复杂。

第 5 章

解构失败

我们已经说过失败没有朋友。它的境遇很悲惨，经常遭到人们排斥和否认，而从未见有人抱着它翩翩起舞。相反，人们对它敬而远之并且往往把它抛到九霄云外。不久前，我在一家精神分析机构做精神分析师候选人，我的一位明星教师吹嘘（尽管他一本正经地陈述），他督导的所有案例都走完了精神分析的整个流程。因此，他拥有一份毫无瑕疵的和令人羡慕的成功记录。这种状况具有非常丰富的涵义，因为分析师候选人案例失败的情况一点也不罕见，而在精神分析的培训中，最主要的成就之一就是维系一个案例或任何案例，累积必要的精神分析时间，同时还（或者）特别是拥有一个成功结束的精神分析案例。人们只能怀着羡慕之情，希望能模仿先辈，不断得到幸运之神的眷顾。像他这样颇为罕见的人，要么是能够挑选出那些似乎可能会完成精神分析的案例；要么是能非常熟练地管理他所督导的学生，从而掌控所有看起来无法避免的棘手的反移情反应；或者，出现了对当时的我来说最不可能出现的情况：他对治疗的结束持有迥然不同的概念。总而言之，他似乎从未有过这样一种完全诡异的念头：他不幸错过了对他来说很有价值的某种东西。

我的老师的声明中蕴含着一条明确的信息。对那些作出了明智选择和没有犯过错误的每一个人来说，成功是可以得到的，因此失败决不会被视为是无法避免的。事实上，失败似乎完全是可以避免的。当然，这意味着人们从来没有仔细地调查或研究过失败本身，失败仅仅只被定义为成功的缺失而不是一个拥有自己的特征和内容的事物。例如，所有的疾病都被明显视为并往往被界定为健康的否定面，但是疾病也声称自己本身值得研究。人们认为各种各样的病理学是一个非常有趣的和复杂的研究对象，但是在研究过程中并未承认它与健康之间的关系这种隐含的预设。我们在精神分析和心理治疗中，研究此类成长和发展中特殊的失败，而后者也许会导致精神病理。我们也研究神经症和精神病的内容，依然抱着我们最终会消除此类病症这个不言而喻的信念。然而，我们本着这样一种探究精神来进行研究，使客观性成为学习的不可或缺的因素。然而，我们对待治疗病理学的态度不同，它所受到的待遇是蔑视、轻视和偶尔的同情。事实上，人们会带个人感情色彩去处理治疗失败的问题，而以公事公办的态度对待疾病，这表明客观性对调查治疗失败来说更为关键。

在失败的展开和调查中，一个关键因素似乎是个人化的因素——是分析师或治疗师的过错才导致案例失败吗？抑或是外在的错误导致案例失败？普通精神病学制定了一个解决方案，有效地避免去牵涉任何个人化的因素，而只让个人承担少许责任。这个例子很好地说明了个人情感如何妨碍了对治疗失败进行名正言顺的科学研究。

浅论"难治性"这个观念

如第四章所指出那样，最近一期的《美国精神病学期刊》发表了一篇关于青少年自杀的专题文章，它强调并描绘了一个被认为具有"难治性"特征的病人群体（Brent et al.，2009）。这个群体被冠以"青少年难治性抑郁症"（简称TORDIA）的称号，其成员有各种各样的不成功的治疗干预史。不足为奇的是，这篇文章在讲述干预措施时，没有提及精神分析取向的治疗或心理动力学治疗。大多数读者将会或可能会断言，这篇文章的多位作者要么是排除了心理动力学心理治疗，要么（并且）根本没有受过这方面的培训。认知行为疗法（CBT）也作为一种心理治疗手段被推荐给这个群体，但是依然于事无补。我们之所以特意提及这篇文章，并非为了批评它，而是因为这篇文章的众多作者或许对精神分析的思维仅仅一知半解。相反，它代表了精神科医生的挫败感或屈从感，而后者专注于研究那些预测自杀而非舒缓自杀倾向的因素。我将这种绝望感视为一种可能有助于我们理解某些自杀案例的线索，我也想扩展这一概念，这个可能更恰当地被视为一种反移情的概念，看它能否有助于治疗某些想自杀的病人。这不应该被视为只是对上述文章的批判，它反映了这样一种常见的情况：在进行治疗或选择治疗时，人们往往没有考虑到治疗师的感觉方式应该成为一个特有的组成部分。

案例

　　在一次精神病学研讨会上，有人展示了一个患有"难治性"抑郁症的年轻男子的案例。他已经接受过各种各样的抗抑郁药物治疗、认知行为治疗和电休克治疗。他是一个亲切友善的人，曾经一直想自杀，这让他的精神科医生感到震惊和担忧。他对这个病人已经是智穷技尽，一筹莫展。这位精神科医生感觉很难与这位病人相处，他担心这位病人的自杀计划会最终得逞。这位病人被医院收治，接受了另一个疗程的电休克疗法，这似乎在短期内浇灭了他的自杀念头。这位精神科医生由于感觉到自己完全无计可施，不知道还能为这个病人做些什么，所以他向督导师寻求帮助。这位督导师向他询问，他的病人有没有接受过密集型的心理治疗或精神分析，或有没有考虑过接受这种治疗。他回答都没有，因为这位精神科医生本身不是精神分析师，并且他觉得这位病人负担不起精神分析的费用。这位督导师建议将这位病人转诊给一家诊所，但是在他这么做之前这个病人就自杀身亡了。当这位精神科医生回头将这个悲伤的消息告诉那位督导师时，他谈到了自己因徒劳无功而产生悔恨以及医护人员对此事的一般感受。那些了解或记得这位病人的医护人员都认为，他的自杀是无法避免的，应该采取的措施都被采取了。

　　这种场景再一次被沉重的挫败感和绝望感所笼罩，所有的相关人员都坚信"难治性"的确切含义就是——他们都智穷技尽，再也无能为力。当这位亡故的年轻男子的父母前来探访这位精神科医生时，他们坦率地表示了自己的挣扎，认为他们夫妻俩可能在某些方面做错了，想知道他们自己应该承担多大的罪责。这位精神科医生迅速而坚定地向他们保证，这不怪任何人，所有的方法都尝试过了，他俩的愧疚感是不合理的。

当然，我们不能草率地认为精神科医生的立场是错误的，同样也不能草率地认为密集型的心理治疗或精神分析也许能够产生疗效。毋宁说，展示这个案例是为了说明这个案例以及前文提及文章中所描绘的情感体验：那是一种绝望的体验，而我们所提议的调查旨在鼓励人们更好地理解这种情绪。除了对病人进行个人分析和（或）治疗性分析，从而让人们更加细致地领悟这种情感之外，任何人都不太可能使用其他良法来避免陷入僵局。

就目前我们对自杀和抑郁的认知而言，似乎没有明确的指导能告知我们，什么样的治疗对什么样的病人最有效。由于可以采用五花八门的治疗和面临各种各样的令人信服的意见，所以任何特定的病人获得的治疗方案几乎是随机产生的。那些坚持只用药物治疗或心理治疗的精神科医生或治疗师在做决定时冒着没有必要的风险。那些不熟悉精神药理学或心理治疗或缺乏这方面培训的精神科医生或治疗师，在治疗过程中也是冒着没有必要的风险。那些无法或不愿为学生或住院医师提供各种各样的技巧训练的培训项目顶多被视为局部训练项目。我们只有坚持不带偏见和不预设立场，才能为病人确定最佳的治疗。

有潜在自杀风险的案例考验我们的治疗热情。当断言任何一位病人或一组病人是"难治性"病人时，我们面临的压力给我们提供了一个机会来检查作出此番声明的缘由，从而调查这个决定能否提供关于这个病人的精神病理的根源的线索。精神科医生和心理动力学流派的治疗师能够决定他们自身的情绪状态是否反映了特定的移情—反移情结构，或者他（她）们是否应该是唯一能够这样做的人。这样的机会往往被预先决定的偏见所粉碎，这种偏见是关于什么是有效治疗和什么可以将某人归入"难治性"类别的偏见。参与这种案例的精神科医生努力置身事外，并考虑他们的个人反应（本案例中是绝望和无助），而不去思考与病人的命运攸关的事情。他们通过宣称自己感到绝望而拒绝卷入。我认为，这种感觉，这种免于找岔子的感觉，成为对失败进行科学考察的主要障碍。

无法治疗

本章在"浅论'难治性'这个观念"这部分内容中说到了病人自杀所引发的无助感和绝望感，它们与治疗师对其从未抱有希望的病人所带来的感觉迥然不同。如果人们一开始就认为病人是无法治疗，不管这个称呼多么罕见地被使用，那么那些旨在治疗棘手的或"难治性"的病人的举措所伴随的拯救幻想也许根本就没有被激活。人们往往在做决定时并无明确的参数可资利用，将某位病人归入无法治疗的类别，因为评估过于依赖做评估的人。在其他人看来，某个人的野心或许是愚蠢的，因此，无法治疗这个特殊的标签与拯救幻想的激活紧密相连，而拯救幻想往往会导致接踵而至的失败感。

不管我们考虑到什么特定的治疗方法，往往都会有与之相关的特定的拯救幻想。在我们讨论可分析性时，我们做出了区分，明确规定在考虑可治疗性的前景时，开头必须使用"利用这种形式的治疗"这个子句。因此，这是在告诫人们在做决定之前必须尝试完所有的治疗方式。只要人们尚没有激发希望而且拯救幻想还在沉睡，那么可以将绝望拒之千里之外。我们希望避免绝望所带来的不适之感，而这无疑使我们丧失了判断的客观性。

能够有效地治疗某个别的治疗师治疗失败或无功而返的病人，没有什么成就能够比这更令人窃喜了。当然，同一种治疗之内和不同形式的治疗之间都会出现这种情况。比如说，成功地对其他分析师没有治愈的病人进行了精神分析；用之前未用过的组合药物对某位病人进行治疗；对那些采用认知行为疗法不见疗效的病人成功地使用心理治疗等。无法治疗的属性似乎并没有与生俱来的要素。然而，世上当然存在那种所有人都认为无法拯救的病人。他们极度不配合治疗，或其病情太顽固或无法适应任何形式的治疗，因而人们一致认为他们是无法治疗的。然而，随着时代的变迁，我们关于"无法治疗性"的准确含义也发生了变化。

许多年来，男同性恋与女同性恋被纳入病理清单，尽管很多人呼吁将它们从清单中剔除。特定群体的治疗师（Socarides，1995）声称他们成功地治愈了所谓的性倒错。而随着更多资料的积累，其行为的各种表现被去病理学化，或被从疾病清单中除名。不久前，未能治愈同性恋还被视为一种治疗失败，而现在，如果病人轻松地接纳自己的性取向，这就被视为成功，假定的对同性恋的治愈变得可疑。尽管什么都没有改变，但是对某些人来说，则是发生了天翻地覆的变化。失败所在范围发生了变化，因为同性恋不再受到那些将其视为障碍并试图将其治愈的人的欢迎。如果一个人没能将同性恋变成异性恋，他（她）也不再为此感到难过。自我绝望变成了沾沾自喜。希望之火重新点燃，挫败感则烟消云散。

如果我们用来界定健康或疾病的常模量表或标准是可以修订或改变的，那么失败也变成了一种相对的和受协商影响的事情。确实，与其说失败是一个具有公认的确切性的事物，不如说它是一个社会政治的概念。这一术语的模糊性要求我们将它置于一个更加广阔的背景之中，这包括如下内容：所采用的标准的所有变量、目标及它们被实现的可能性和（或）可行性、所采用的方法、治疗师的能力、治疗师的野心、病人一生中乐意改变或排斥改变的时期，以及各种场景中特有的诸多其他因素。

导致失败的因素

我们发现，我们关于失望或绝望的个人感受也需要变成相对的和受协商结果影响的事物。我们很快就明白，失败是由一系列因素导致，剖析失败必须考虑以下的所有因素：

1. 某个受到糟糕训练或良好训练的人（精神分析师或心理治疗师）；

2. 他（她）胜任或不胜任地对某位病人采取了一种治疗方法；

3. 这位病人可能会或可能不会受到这种方法的影响；

4. 在适合于进行这项治疗的某个时段；

5. 最终可能会导致一个参与者想要的结果，并且它符合当时的团体标准。

与其说这种复杂性阻碍我们去开展进一步研究，不如说它为我们提供了一个方向，去根据一系列参数去评估成功或失败。我的老师拥有一系列成功的督导案例，这是他的幸运，但是这也是他的不幸，因为他错过了考察他的失败的机会。当成功所带来的赞许和完美地完成工作所带来的舒适之感被失败所遭致的蔑视和无用功所带来的不适之感取代时，你会发现自己打开了好奇心甚至是创新的大门。如果你所有的案例都是成功的，那么你没有强烈的需要去学习任何新的东西。成功所带来的满意感很可能使你陷入一间只剩下有限知识的牢房。人们只会对"我没有失败案例"的冷笑话抱以同情，也对那个难以自圆其说地坚称"对他所采取的药物干预不起任何作用的病人是难治的"的精神药理学家抱以同情。否认和置换比挫败更适合用来作精神分析。

精神分析和心理治疗需要它们自己的治疗病理学。正如临床病理学根据那些涵盖原因、征兆、症状、任何可能的结果的连续统来研究疾病一样，精神分析和心理治疗也应该围绕所有的错误和误判来考察失败案例。失败并不是个单一的事件，而是诸多错误的决定的表现。研究大量失败案例所收获的信息不会比研究大量的发热病人所获得的信息更多。实际上，在抗生素面世前，人们会通过竭力减少或消除发热来治疗许多传染性疾病。有些持反对观点的人认为发热是一种有益的和重要的特征。我不禁感到许多人会以类似的方式来思考反移情这个问题，甚至到了宣称"所有的分析失败都是反移情问题而导致的"这种观点的地步。

提议

失败处于一个被忽视的悲惨境地，它亟需客观地予以研究。首先，我们需要界定它。我们要秉承研究而非怪罪的精神，不带偏见地完成这个简单的任务。我们需要根据如下维度来对失败案例进行整理和分类：治疗的选择，假定的失败可能出现的时刻，病人和治疗师的期待，以及治疗师的能力等，而最后一个变量往往是最不重要的。之所以需要强调这点，是因为这个最后的建议。每个培训机构和（或）学生应该制订计划，定期展示（隐私经适当处理的）案例。类似于医院举行关于"发病率和死亡率"的例会那样，分析师和治疗师应该在公开的论坛上展示他们自己的不成功的案例。这不仅是个正确的做法，而且随着时间的流逝，它可能被证明是有益于治疗的。尽管责备和责任的幽灵照常会抛头露面，但是唯有共享的团体经验才能逐渐驱散它。此时此刻，我们既无从知道那些我们竭尽全力却依旧失败的案例的数量，也无法预测那些我们只付出了最少努力却进展顺利的案例。不管怎样，这似乎是个很好的起点。

另一个合理建议是我早前提到的，它是可取的但却难以实施，并且与这样的人有关：熟知各种可能的治疗干预，帮助病人找到最有希望的和最合适的干预措施。由于这是一种渺茫的希望，我们需要用另一种可行的替代方案。在最初的收纳面谈后，我们向治疗师团队展示病人的病史。该团队中必须包含一位心理治疗师、一位精神药理学家、一位熟知认知行为治疗的心理学家，以及（如果可能的话）一位团体治疗师。当然，尽管或许只有在某些精神病院里才有这样的治疗师团体，但是这样的团体配备出现的概率高于人们所想象的概率。在对病人进行评估时，总会有大量的无法确知的因素在起作用，但是，几乎无疑的是，最初收纳面谈时访谈者的培训经历及偏好会以某种形式影响大多数评估。然而，似乎只有一群专家在进行公开探讨并交流他们的观点和评估之后，作出的决定才是公平的决定。在医学的其他领域，往往人们会熟知任何给定疾病所有可能的治疗方案。而对大部分精神疾病而言，情况并非如此，但是，我们的病人应该享有同等的待遇。

由于我们永远无法从我们所治疗或研究的案例中脱离出来，所以我们需要考虑我们自己的移情和反移情问题对此类案例的成果有何影响。我们因成功而感到开心，因失败而感到失望，因帮助了其他分析师或治疗师未能帮助的病人而感到快乐，这些都是治疗结果的一部分。这并不是说，病人会因为我们认为他们无法治疗就自杀身亡，我们希望其好转就好转。毋宁说，它是为了强调我们也是导致案例结果的一部分因素，而这部分因素或许也是导致我们未能妥善地研究失败案例的原因。幸运的是，它与我们在精神分析和心理治疗中学到的其他一切事物类似，每件事物都发挥了作用。

为什么解构?

自从解构主义之父雅克 · 德里达（Jacques Derrida，1985）首次开始撰写有关解构的著作并且未能界定它之后，解构这个术语对那些不熟悉它的人来说有点令人讨厌，对那些看过它被使用和被误解的人来说也是如此。就我们的目的而言，解构是为了表明一个单词是不可判定的。特别是在诸如成功与失败这样的二元对立的术语中，存在着一个我们难以获得"标准含义"的领域，因此我们必须承认，一个单词需要具备多种含义。

我脑海中浮现出一个关于我早期负责的一位病人的案例。我觉得自己对这个病人做了成功的精神分析，或至少是走在成功的路上。后来，他有一个可以搬迁去另外一座城市的机会，尽管我觉得可以并早就应该给他做更多的精神分析，但是这次精神分析还是以不尽人意的方式中断了。当时，我是一名精神分析师候选人，正在接受督导师的督导，因此我和我的督导师得出了这样的结论。我在此后的几年内鲜少对这个案例做更多的思考，直到多年后我收到了一个邮件包裹，其中装有一封信和一些照片。这封信来自我那位阔别已久的病人，而照片是他孙子的照片。该信件是简短的，基本上是闲聊式的内容，传递了很多信息。第一条是关于他的孙子的，第二条描述了这样一种事实：自从他被诊断为患有双相情感障碍并开始药物治疗后，他就一直感觉很好。他向我问候，而我目瞪口呆。

　　尽管我曾经认为，对这位病人的精神分析相当成功，但是我现在感到困惑了。我还能找出什么理由来说明为什么对这次治疗有少许满意感吗？如果这位病人的确罹患双相情感障碍，那么成功或失败到底可能意味着什么呢？这个诊断与精神分析不相关吗？这次精神分析是一场骗局吗？我的督导师也和我一样脱离了现实吗？我这一连串的问题的主旨及其不确定性，汇集在一起，可以被称为"不可确定的"。

　　将"不可判定性"赋予任何案例，这要求我们明确地指出，如何作出关于成功或失败的决定。失败与成功这两个二元对立的词汇相互结合，需要多种限定条件，因此关于这次精神分析的任何结论，首先都需要一个陈述句，告诉人们"如何"去运用这两个单词，而不是简单地告知它们可能的含义。这里的"如何"便是解构的精髓所在。

第 6 章

失败案例的分类法

在我们研讨会的第一次会议上，一个接受分析培训的学生询问失败案例的定义，而参会的每个人都被要求依次回答这个问题。我们很快发现，制定这个定义成为这个团体的一项主要任务（如果不是根本任务的话），因为很多提出的定义是弥散的甚或有些不一致的。诚然，那个曾经看起来是一个明白的甚至客观的概念，实际上是一个非常模糊的和主观的概念。每个人都有自己的观点，而只有少数人对他们的观点感到满意。

开始分类

为精神分析和心理动力学治疗的失败提供一个精确的定义，这个任务被证明是可望而不可即的，我们仍然可以对此类失败提出一个分类法或对它们进行系统分类。对提交给研讨会的关于失败的案例集的回顾提出了一种分类方法（即，按时间线来分类）。当然，其他分类也是可行的，但它们往往因为出现常规性的例外情况而不便于使用。因此，当我们根据个别病人或一组病人的问题或病理来努力对失败进行分类时，往往会发现其他治疗师有类似病人的成功治疗案例。所以，当我们专注于根据特定的治疗师的技巧、训练或理论倾向来分类时，对具有完全不同的背景和能力的治疗师进行分类也会得出颇为类似的结果。这种研究的片面性使问题变得更加复杂。在双方当事人中，我们只听取了一面之词。我们调查了那些被分析师和治疗师视为失败的案例，但我们缺少来自病人这一方的验证性证据。尽管我们确实试图从病人的观点来对所有的失败进行评估，但是我们并没有通过采访他（她）们来知晓其判断。

时间线

我们可以这样说，把握"失败"这个概念是相当困难的，因为它容易引发人们发表各种各样的毫无裨益的意见。然而，我们不会看不到，"失败"这个概念中内含有进展和过程这样的含义，而这个概念自然而然地提供了时间的视角。将失败视为一个过程，它包含开始、中间和结局，这使人们认为失败有几个阶段，它们不仅相互区分，而且有它们自己内在的困境。因此，也许我们可以思考特定阶段的问题以及它们的潜在解决方案。确实，我们列出一类治疗师或分析师，他（她）们似乎在治疗或分析的不同阶段做得更好或更糟。

以下是一个对失败进行分类的初步方法，它把失败看作一个随时间展开的过程。目前我们尚不想去考虑，如果每个阶段都有特定的因素将会怎么办，也不想去预设那些会凸显每个阶段的关键成就。此类观念当然值得去仔细研究，我们将在稍后予以单独探讨。同样，人们也许会用不同的甚或相反的理论视角来看待每一个类别。尽管如此，这是一个开始。

类别

1.从未启动或开始的案例。

尽管此类案例还处于治疗的开始阶段，但并没有时间的限制。这个阶段可长可短，在这个过程中人们无法感受到任何变化，相反人们感受到的是停滞不前。

2. 被中断而让治疗师或分析师感到没有完成的案例。它们可以被分成明显不同的类别：

A.中断是由外部影响造成的。这种外部影响可能如下：

（1）来自一个或多个人的干涉，这些人决定了治疗能否继续进行。对儿童来说，这个人也许是其父亲或母亲。对另一些人来说，这个人也许是提供经济支持的人。

（2）诸如死亡或失业那样无法预料的事件。

B. 其他被中断的案例是指发生了一定的变化或取得了一定的进展但是无以为继的案例。这样的中断可以被视为受到如下干扰：

（1）病人感受到心理上的威胁，觉得他（她）必须自主地停止治疗。

（2）分析师或治疗师感受到心理上的威胁，必须停止治疗。

（3）病人的配偶或家属感受到心理上的威胁，坚持停止治疗。

3. 变糟的案例。这是一个明显独立的类别。据观察，在专门研究失败案例的研讨会上展示的很多案例中，当病人突然放弃治疗或变得心烦和愤怒时，这似乎会让治疗师或分析师感到吃惊。人们报告的很多案例都是经过一段看起来没有问题的时期后，突然莫名其妙地表现出寸步难行甚或倒退的情况。少许案例在取得一定的进展后表现出非常缓慢的恶化迹象。这种观察或许显示了这种特殊的调查活动有一个缺陷，因为也许所展示的案例过少，不足以让我们得出具有普遍性的结论。在这项研究中，逐渐恶化的现象是罕见的。

4. 持续进行而没有明显改善的案例。此类案例有别于第一种似乎从未有收益的案例，因为人们只在回顾时才觉得此类案例似乎缺乏进展。病人和治疗师似乎都陷入这样一种状态：治疗貌似变成一种惯常行为，而病情几乎毫无进展。

5. 令人失望的案例。这类案例也许是最难标识的，因为精神分析和心理动力流派心理治疗的目标是变动不居的。人们往往会在治疗过程中修改或改变期望，也很少清楚地阐明目标，即使阐明了目标，也极少能够实现。有时候，病人和分析师双方都会感到失望，而有时候只有一方感到失望。失望的感觉通常会在分析或治疗结束时出现，并且通常伴随有关于可能的改善或可疑的失败的念头。对治疗作一段时期的反思，的确有助于我们就失败的责任作事后批评的练习，偶尔也会有助于我们在时机成熟时果断地另辟蹊径去做事。

其他观点

在仔细考察失败的特定原因之前，也许有必要从不同的视角来考察它们，而这个视角涵盖治疗的整个过程。我们可以根据时间线来研究失败，同样地，我们或许也可以采用其他视角。以下所述的内容也许可以被归类为在治疗的最初导向中的问题。

案例

一位离异并育有两个儿子的中年母亲来一家精神病诊所求助，主诉焦虑和抑郁。精神科医生在记录这位病人的病史时，听她报告说，过去三十多年来，自己身上都有一种令人厌恶和难受的体臭。他对此类案例做了详尽的研究，得知这是一种典型的被称为腋臭的综合征。有很多关于这种特殊的疾病的临床报告，也有关于治疗以及相关的支持团体的建议。这种综合征不属于精神疾病类别，但是这位接待她的精神科医生忍不住把它视为某种类似于身体幻觉的症状。然而，这位病人讲述了自己以前去一家精神病诊所求助时的情形：那里的一位精神科医生确实认为她的腋臭并不存在，并试图纠正她确信自己有腋臭这个想法。她马上离开了那家诊所和她的潜在的医治者，并且一去不复返。这位新接手的精神科医生决定不再追寻他所认为的错误方向，而是另辟蹊径，邀请这位病人参加一个疗程的心理治疗。他认为，这种腋臭其实既不是纯粹的身体疾病，也不是一种可以予以理性探讨的精神病症状。随着时间的流逝和无人直接提及这种症状，它就逐渐显得不那么重要，而病人最初主诉的焦虑症和抑郁症也得到舒缓。

与其说这个案例旨在表明对这种诊断提出的一种质疑，尽管它确实如此，不如说它是一个有趣的例子，展现了人们最初的关于调查及治疗的拟定流程的选择，对成功或失败来说是至关重要的。我们可以并应该去考虑其他的或许会成功或许会失败的调查案例的方式，因为人们关于失败案例的最初预设往往存在着没有根据的封闭性的风险。在此类评估中往往遭到忽视的另一个因素就是节奏。并非所有案例都会以有规律的和可预测的方式发展，在对一个案例的可治疗性作出判断前，人们必须使自己适应它的节奏。然而，这个注意事项的一个脚注就是，请留意节奏有时会以无法预料的方式发生变化。另一个重大警示与那些无论采用什么措施都委实无法治疗的案例有关。

无法治疗的案例

乍一看起来，无法治疗的案例与失败案例似乎是共存的。然而，我们需要认识到，其实并非总是如此。我们将会详细描述的研究发现如下情况。训练有素的治疗师们关于案例的分类存在分歧：某些案例被某些治疗师认为是失败的案例，而其他治疗师则不敢苟同；某些案例被某些治疗师认为是无法治疗的案例，而其他治疗师认为并非如此。并且，这两个群体是具有显著差异性的两个群体。尽管失败这个概念是模糊的，但有时候，某个案例看起来确实是明显无法治疗的。

案例

我们的研讨会上展示了这样一个被视为失败的案例。一位年轻的已婚女士被她的治疗师描述为"艳丽和迷人的"女人，但是结果发现，她是一个要价非常高昂的性工作者。这位潜在病人的主诉是冲动行为以及被治疗师称为轻躁狂的症状。其轻躁狂的表现有堕胎、售卖订婚戒指和结婚戒指以及与前男友上床等。

治疗师对她采取药物治疗和心理治疗相结合的治疗方式，而在
治疗初期，这位病人因睡过头而错过几个阶段的治疗。治疗师更改
了治疗日程表以解决这个问题，然而这个问题依然没有得到改善。
治疗师觉得他的目标是与病人"建立联结"，并且他觉得自己获得了
某种程度的成功，因为随着时间的流逝，她离了婚并与另外一位男
士开始了一段新的恋情。然而，她不久就决定去巴黎重操旧业，并
且在离开时未结清她所欠治疗师的治疗费。

接下来的讨论集中于"病人身份"这个问题以及这位病人是否
合乎这个状态的最低标准。有些人说只要某人自愿寻求治疗，希望
舒缓主观的痛苦，那么他（她）应该被视为是一位病人。我们最初
并没有获得有关这个病人争夺她两岁半的儿子的抚养权和被要求去
做治疗这个附加的信息，但这个事实似乎基本上没有影响这个小组
对她的可治疗性的评估。

总而言之，研讨会的大多数成员都觉得这个案例应该被归入失
败案例之列，而只有一两个成员声称这位病人从治疗中获益了。然
而，大多数成员补充说，这位病人几乎算不上是一位"真正的"病
人，而也应该被归入无法治疗的案例之列。与那些"中途退出"治
疗的病人形成鲜明对比的是，她总共接受了三十四个阶段的治疗，
并且服用了各种各样治疗精神病的药物。她似乎恰好代表这样一类
案例：算作失败的案例，但是关于她究竟是否是一位病人这个问题
依然悬而未决。

决定失败与否的一个因素就是治疗师是否确信他（她）自己失
败了。只有当人们最初假设自己可以实现某种目标，他们才会得出
失败与否的结论。在上述案例中，治疗师将他的病人描述为"艳丽

和迷人的"女人，这容易引导他人去相信，一个不那么迷人的女人会被更快地归入无法治疗的类别，从而完全避免了被标识为失败案例。决定和区分无法治疗性的关键因素就是拯救幻想，这种特别的幻想使得人们去迎接那些别人可能在一开始或很快就放弃的挑战。那些起初对我们来说也许并不明显的事情马上就会变得尤为明确：失败总是一种双向建构，一个人的失败往往是另一个人的机遇。

原因分类

如果我们暂时将失败发生的时间、错误的治疗方向、治疗节奏，或无法治疗等问题放置一边，那么需要研究的最重要的问题是失败案例为什么会发生。当然，另一个类似的问题是"是否能用某种办法预防失败发生"？

在我们对失败案例的研究中，根据对失败更好的定义，我们制定出一个评估表，依据时间线列出大多数需要讨论的问题。我们要求治疗师和病人根据客观量表和主观量表来评估失败。当然，为了明确地判断时间，我们需要大样本的案例，也需要就客观证据对病人进行跟进访谈（即，除了主观感受之外，是否有具体的证据表明发生了改变？治疗师和病人是否觉得他（她）们实现了大部分的目标？）尽管如此，二十五至三十个案例这样的小样本揭示了大量一致的情况，从而得出一个暂定的结论：案例的失败与治疗的时间的长短没有太大关系。同时，大多数展示案例的人和听众对治疗的效果达成一致意见。评估中一个最主要的变量似乎与某些人的顽固信念相关：不存在完全失败的治疗。这似乎在某种程度上解释了为什么失败的定义依然存在问题。对某些人来说，承认和理解失败这个概念似乎是非常艰难的。所以，我们开始想办法通过询问恰当的问题来打开一个解决问题的窗口。

我们要询问的问题与失败案例的可能的原因相关，我们在第二章曾枚举过下列原因。为了不让我们的评估者只判断单一的原因，我们规定了第一个、第二个，或第三个原因。也许会或不会出现这样出乎意料的状况：参与评估的人在最不可能而非最可能的原因上达成了最为一致的意见。供他们选择的原因如下：

1. 知识的不足：我们将其列为首要原因，因为我们的案例源自广泛的有着各种各样的背景和训练的心理治疗师和分析师群体。因此我们想知道，人们是否觉得治疗师或分析师是因为知识不够全面才难以处理那些最后被证明是棘手的案例。大多数回复者都觉得，这不是一个很重要的问题，并将其列为最不可能的原因。

2. 缺乏共情和缺乏持续的共情状态：我们将这个量表分成两个部分，因为最初能够与分析师或治疗师建立良好联结的病人与那些无法长期保持联结的病人之间似乎存在差异。尽管我们记录到了两者之间细微的统计差异，我们将在后续章节（如，第十三章和十四章）中继续探讨这种变化，旨在向人们解释，这的确是反移情问题存在的主要区域。

3. 运用替代性方法：这一类别是模糊不清的，它旨在涵盖很多内容，这包括药物治疗、认知行为治疗、其他形式的心理治疗、精神分析的其他理论方法等。我们的评估者似乎认为，没能使用替代性方法不等同于不知道如何使用替代性方法，因为半数以上的人认为失败是由忽视了替代性方法的运用所导致的。然而，他们很少会提到替代性方法。他们似乎认为别的方法或许会解决问题，尽管他们并没有明确指出别的方法是什么或如何使用它。

也许因为人们依然希望世上没有失败案例，所以他们认为可以选择其他的方法来进行治疗。然而，绝大多数的评估者确实认为有大量的案例是根本无法治疗的。

本章对我们的研讨会及其结果做了简要的回顾，这不但是为了引入一个问题，而且是为了提出进一步研究的路径。除非我们一开始就阐明诸多问题，否则我们无法开展大规模的实证研究。而且，在没有就失败的含义达成明确的一致意见的情况下，关于失败的任何研究能否得出合理的结论，这依然是一个悬而未决的问题。某条关于这个问题的评论使我们注意到，病人自杀是案例失败的一个明确的标志。对普通精神病学采用"成功"和"失败"进行评估的方法进行比较是有所裨益的。精神病药物学标准的教科书中（Janicka et al.，2006）一个评估治疗成功与否的方法是询问病人的症状，对那些心理严重失常的病人，则向其家人或护理人员询问其行为表现。大多数关于边缘型人格障碍治疗的疗效的研究，都是基于病人尝试自杀的频率和是否需要住院治疗来评估治疗是成功抑或是失败的（Bateman&Fonagy，2008）。某些人采用量表来评估病人的症状和总体的适应情况。大体而言，都是根据病人的报告和可观察的行为来进行评估，以保证评估的客观性。然而，有一位作者（Rosenblatt，

2010）强调，更强大的社会的、婚姻的和职业的功能是良好结果的指标，从而使指标超越了易于测量的特征的范围。而寻求客观的、可观察的或可测量的参数通常不涉及处理分析师的主观意见以及他（她）在评估中的贡献。

因为我们坚持认为失败是由病人和治疗师双方导致的，所以需要研究的问题涉及目标的构想、实现和维持可行的联结的能力、治疗师在理论指导贡献上的差异，以及对所构建的单元的每一个成员来说失败最初到底意味着什么。当然，我们所有的案例展示者与精神药理学家迥然不同，后者对病人开展药物治疗并将结果归结为药物的功效。遵从医嘱去服药也许是一个心理学问题，然而，病人一旦服药，治疗效果就取决于药物，而与开处方的人基本上没有什么瓜葛。我们觉得，非常有必要将精神分析师或心理治疗师作为研究的一部分而纳入进行研究，而他们会在案例展示后接受访谈。参与治疗以及向他人讲述治疗都是有助于我们理解失败的重要因素。某些精神科医生将病人评估为"难治性"病人（Brent et al., 2009），这完全证明了此类精神科医生希望自己遁形，从而撇清对他们的失败所应承担的全部的个人责任。我们将在下一章节讲述完全不同的内容。

第 7 章

启动失败

心理治疗以及精神分析中的某些案例似乎从未启动过。尽管人们意识到需要明确地建立治疗联盟或工作同盟，以及不管此类概念背后有什么样的理论（Levy，2000），似乎仍然需要某些必要的附加因素去带来改变或仅仅去启动治疗。与某些产生变化的病人形成鲜明对比的是，某些病人的病情似乎不会发生变化，尽管他们也许会与治疗师建立轻松的关系，定期地和准时地到访，并且迅速和准确地支付他们的治疗费用。确实，这样舒适和便捷的安排也许会持续较长时间，但是病人的病情不会发生明显的改变。某些治疗师将这样的安排描述为"有偿陪伴"，还有某些治疗师辩称，这样的安排给病人提供了机会去表达他们的情绪或吐露隐藏的想法。甚至有人争论说，将这种一成不变的活动称为心理治疗或精神分析是否恰当，当人们一定要将失败的概念赋予这种实际上几乎没有失败的活动时尤其如此，因为它从未制定出任何类别的明确目标。与从未离开地面的导弹颇为类似，此类治疗仅仅因为未能启动而失败。

我们在此不会试图去区分这种形式的失败与那些没有建立治疗联盟或工作联盟而导致的失败。某些研究对象被视为无法或不愿意配合治疗师或分析师参与一种特殊形式的调查，而后者是精神分析的必要条件。还有某些病人可以被描述为颇为渴望去配合这样的调查。毫无疑问，在很多这样的案例中都缺乏预期中的联盟，但是不管是最顽冥不化的病人还是最富于合作精神的病人，他们的病情都没有起色，甚至一点改变都没有发生。

我准备展示一系列简短的案例来区分几种类型的病人，他（她）们无法或不愿意去配合一个疗程的心理治疗或精神分析。尽管这些病人治疗前后的行为看上去颇为不同，但是他（她）们都具有一个共同的基本特征——未能启动治疗和未能继续治疗。不过，他（她）们的确在其他许多方面存在差异，这值得我们去关注。

案例

汤姆是医院附近一家制药公司的实验室技术员，他接受了几个月的住院治疗后就出院了，后来被转诊给一位精神分析师接受精神分析。据说，他在这家治疗中心接受过心理治疗，而现在迫切希望有一位新的治疗师对他继续展开治疗。他曾经有复杂的精神病史，频繁地更换过治疗师，并且接受过几次短期的住院治疗。汤姆与他的新治疗师见面了，他们似乎很合得来。这位治疗师觉得他与病人建立了良好的联结，他后来还评论说，他们看上去是多么地喜欢对方。当这位分析师向某位顾问医生描述他的病人时，他感到尴尬，因为除了关于这个病人的父母的简单情况之外，他对病人过去的历史几乎一无所知。据这位病人描述，他的父母是不负责任的照料者。

汤姆和他的治疗师一起制订了一份治疗计划表，但是汤姆很快就置之不理。尽管他确实会偶尔致电取消预约，但是他经常会迟到很久或干脆爽约。这位治疗师通过会诊寻求帮助，但是并未获得明显有用的建议。此后不久，汤姆致电称他也许更愿意接受女性治疗师来对他进行治疗。他被转诊给其他的治疗师，从此杳无音信。这位治疗师后来致电给可能接手的治疗师，发现汤姆根本没有与其联系。

这个例子主要是为了强调所有形式的治疗中普遍存在的一个问题（即，病人流失率）。这个问题实质上可以被视为是未能恰当地开启治疗，而不管其治疗形式或治疗频率是什么。近期，有篇文章对边缘人格障碍的各种治疗方案中的病人的流失率进行了比较（Doering et al.，2010），指出某治疗方式中的病人流失率高达67.3%，而其他治疗方式的病人流失率不足 25%。在病人享受免费心理治疗的国家，记录所得的病人流失率较低，相对比的是收费的治疗的流失率升至近 60%（Doering et al.，2010，p.393）。我们随意地在便捷的时间点来测量病人的流失率，所以所测得的流失率或许不同于那些反映未能成功开启治疗的流失率，但是十有八九，这些病人都是未能够与治疗师建立起工作联盟的病人或是那些缺乏神秘要素而无法得到帮助的病人。尽管流失率是在临近拟定的治疗开始时计算的，但是病人在治疗尚未开始就流失了。表明在何时确定病人无法积极参与精神分析或心理治疗的时间线往往有点令人惊讶。

案例

　　S医生展示了一位病人的案例。十年来，他一直给她做治疗，但是她最初表现出的绝望和自杀倾向的症状没有任何明显的变化。无论是对她过去的治疗还是未来的照料，S医生都无计可施。尽管这位病人继续定期地到访，但是S医生感到他并没有实现任何目标。病人虽然经常爽约，但她绝非有意表现出或做出自己是一个不受约束的病人的样子。然而，S医生坚称，所提议的治疗并没有取得任何进展。

　　这位病人早前宣称，她要在女儿高中毕业后自杀，而S医生感到她是诚心地和坚决地作出这个决定的。他说病人的治疗内容仅涉及随意的交谈，很少会谈及"私人"的事情。

　　参与案例展示的人们都认为这位连续十年到访的病人不应该被视为从未真正参与治疗的人。人们对此给予了各种各样的解释，比如说，认为这种治疗似乎阻止了病人去自杀，问题在于治疗师的反移情甚或他的技术有限。S医生离开了会场，坚信他的这个案例是个令人费解的失败。与这种案例或许不确定的情况形成鲜明对比的是，存在着看上去显然属于失败的案例。

　　上述两个案例之间的区别导致了我们去关注治疗师及其在案例失败中所起的作用。我们的第一位治疗师坚称是汤姆自己导致了治疗没有进展。而在另一方面，S医生感到了困惑，不知自身是否影响到这场漫长而没有任何明显效果的治疗过程。他是不是本可以做些不同的尝试？他是不是根本没有领会到某些事情？在拜访S医生之前，这位病人曾有过好几次不成功的治疗，所以S医生确信，至少他成功地使病人继续保持治疗，如果这确实能被称为治疗的话。我们接下来要讲的案例依旧与责任分配相关。

案例

　　琳达与情人弗雷德已经相恋了 13 年，她听从弗雷德的治疗师的建议，会见了一位精神分析师。她与弗雷德同居多年，并且双方的感情发展到谈婚论嫁的地步。有一天，她在出差途中突然返回到他们的公寓，发现弗雷德陪着另一个女人在款待另一对情侣。琳达勃然大怒，从她觉得是他俩共有的这间公寓摔门而去。弗雷德追上了她，不停地向她恳求和道歉。随着时间的流逝，弗雷德努力利用他的治疗师提供的各种各样的心理学解释来抚慰琳达。为了能达成愉快的和解，琳达被建议去见一位治疗师，主要是为了让自己更好地理解弗雷德。弗雷德的治疗师将 B 医生推荐给琳达，而琳达见了 B 医生，不太确信这能改善现状。

　　在与 B 医生的第一次会面中，琳达向他描述了她与弗雷德及其客人之间的那次痛苦的邂逅，以及她与三心二意的弗雷德展开的痛苦的马拉松式的恋情史。B 医生之后回忆起最初一小时的治疗时，觉得他自己或许对琳达的困境表露出过度的同情。在第二个小时的治疗中，琳达继续讲述了她与其他几个不可靠的男人的漫长的恋情，也宣称她对 B 医生所作出的关于她的困境的本质的评论感到愤怒和心烦。这种负面的言论让 B 医生感到困扰，而他记得自己根本没有说太多的话，但是他之后想起来，他确实觉得琳达在某种程度上是自己在找虐。琳达似乎是以一种乐观的心态结束了第二个小时的治疗。她随后致电取消了后面的预约。自从她收到账单并结完账后，她就杳无音信了。

　　B 医生思考过这个案例失败的原因，认为琳达需要像男友毫不客气地甩掉她那样甩掉她潜在的治疗师，从而将自己的被动性受伤转换为主动性伤害。然而，他也想到另外一种可能性，那就是将琳达评估为一个允许自己受虐的可怜虫。琳达在准备离开 B 医生办公室时说的最后一件事是询问 B 医生，她去找弗雷德的治疗师求助是否明智。B 医生回答说，他看不出她这样做的道理何在。B 医生现在想知道，他是否无意中表露出自己对她的屈从态度的蔑视。他是不是本可以有另外的举措？如果琳达约见的是另一位治疗师或女治疗师，治疗是否会更有成效？尽管目前尚存在无法回复的问题，但是我们需要认真考虑它们存在的可能性。所有未能开启一段合理的治疗进程的案例，要么被人摈弃，要么让人感到焦虑。由于它们可能代表着启动失败的另一个类别，所以值得我们进行仔细分析。

案例

　　D 医生在第一次和他的新病人伦纳德见面时，就立刻感到厌恶。他之后描述了伦纳德引起他反感的各种各样的事情，这包括伦纳德邋遢的外表和他的三缄其口。伦纳德是在他朋友的坚持和催促下才找 D 医生寻求帮助的，但是伦纳德觉得他和朋友之间产生的问题基本上与自己无关。然而，尽管他有这样的感觉，他还是勉强地做了心理评估。因此，除了表达他被置于这种不舒服的境地的怨恨之情外，他基本上对 D 医生无话可说。

　　当 D 医生和伦纳德开始谈话时，很明显有足够的理由表明，伦纳德需要寻求精神病专业人士的帮助，但是他不情愿去面对这些证据。此类证据涵盖的范围很广，包括伦纳德一生中所说的大量谎言和所付诸的大量的欺骗行为，以及他对自己生活的各种不满意。D 医生与伦纳德进行第一次访谈当天，D 医生对伦纳德的不满尚处于最低水平，这种不满意的感觉与伦纳德的负面特质共同导致了 D 医生进一步认为，伦纳德不太可能是他想接手治疗的病人。

　　尽管伦纳德再次拜访了 D 医生，但治疗的过程并没有比第一次更为顺利，并且他们得出了不确定的结论。也就是说，伦纳德同意考虑接受心理治疗，但是不出 D 医生所料，他再也没进行第二次预约，这也让 D 医生颇为舒心。

　　当被要求重新审视伦纳德的案例时，D 医生毫不犹豫地承认他对这位潜在病人的反感，不过，他坚称自己在访谈过程中成功地隐藏了这种感受。然而，D 医生坦诚地承认，他的确为将要与伦纳德建立漫长的医患关系这个可能性感到沮丧，因此，伦纳德在其职业生涯里消失匿迹，这让他松了口气。他进一步提出，其他的治疗师或许真的可能会更成功地处理伦纳德的案例。

概括

上述案例涉及的范围很广，这包括因病人的特殊性质而从一开始就意味着失败的案例，以及因治疗师和病人双方的特质而或许会获得成功或许遭到失败的案例。在精神病理学的问题中，试图定位或找出成功的治疗的难点是一种有趣的练习。当我们逐一考察案例时，我们可以根据治疗师工作的匹配或失配来归咎其责任。关于病理学的结论往往容易悬而不决，直到我们可以评估出主体间的问题（即，主体间的关系既决定了困难的本质也决定了解决方案的本质）。或许显而易见的是，上文所述的最后案例所涉及的治疗师不乐意与他的病人建立联结，所以人们会认为另外一位治疗师可能会比他做得更好。当然，我们可以想象，几乎所有的治疗师都会对这位特别的病人产生相似的反应，从而会把问题归咎于这位病人，认为是其引发了几乎所有其他的治疗师的挫败感。病人不应该被视为封闭的实体，而应该被视为处于变动不居的生态体系中的开放系统。就这点而言，很可能没有哪位特殊的病人的评价能脱离这个范围，也无法脱离评估者的推测。

主体间性观点似乎通常会主张每个参与者负有同等的责任，然而仅仅关注其中一方会将全部的责任要么归咎于病人，要么归咎于治疗师。另一种观点认为，参与的各方都牵涉大小不一的责任。也许某些病人要求治疗师大量参与，而其他病人几乎可以被任何治疗师治愈，并且只需要后者最低程度的参与。从治疗师所扮演的主动的和不主动的角色来看，我们可以预料第一个案例中的病人会被某位治疗师服务得很好，其他的案例亦是如此。

只有一种包括"他者"角色及其在场的理论视角才能够解释最初在启动治疗的措施中存在的差异。此外，一个无法避免的问题是精神分析或治疗使病人发生的显著变化。就作出的改变而言，某些病人无法进行有意义的治疗，这要求我们将根本无法启动治疗的病人与那些只要他们不需要改变就能开展治疗的病人区别开来。因此，治疗的启动失败应该包含对作为"他者"的治疗师的角色进行评估，而角色分为理解的角色与理解连同改变的角色。对那些从共情联结获益的病人来说，"他者"的作用的确是一个不可或缺的因素，而对那些无法忍受共情中断的病人来说，"他者"就是一个带来威胁的角色。当然，我们也可以采用别的方式来思考这两个类别的病人。有时候，我们要适当地区分支持性治疗与更加积极主动的治疗。这样的区别甚至可以描述如下情况：支持性的治疗会逐渐随着时间的流逝导致更加主动或解读性的工作，从而演化成更加具有活力的相互作用的过程。然而，不可否认的是，即便有治疗师的配合，某些病人的病情依然毫无起色。

案例

　　伯纳德在他的母亲去世后，致电 E 医生预约了一次咨询。他之前有过很多次心理治疗的经历，并在第一次见到 E 医生时，就宣称他不愿经历"童年的梦魇"，也不愿意让 E 医生诠释他所做的任何一个梦。E 医生并没有反对。随着时间的流逝，他们讨论了伯纳德和母亲的关系以及母亲所遗留下来的不动产的复杂处理情况。伯纳德似乎喜欢前来拜访 E 医生，如果他被迫取消例行预约，他也从未忘记重新预约。E 医生有一两次试图去谈论伯纳德的发展史，也多次尝试去讨论他的一两个梦，而伯纳德曾明确表示他讲述自己的梦的一个附带条件就是，他不希望这些梦被解读，也对这不感兴趣。在几个场合，伯纳德对他所谓的治疗的费用表达了自己的意见，但是他似乎从未想过要终止治疗，始终坚称费用不是什么太大的问题。然而，也许他是说过费用并不重要，但是表现出的相应感觉却不像是不在乎它。他偶尔会提醒 E 医生，不要提那些他说过可能会让他郁闷的事情。

　　伯纳德并非没有意识到他明显排斥（针对他的）动力疗法的例行过程，E 医生猜想他过去的治疗给他带来了创伤性的体验。然而，随着时间的流逝，E 医生打消了自己的这个猜想，因为他在与伯纳德的其他几个治疗师联系后，证实他们的角色与 E 医生本人被赋予的角色基本上是相同的。在几节治疗后，E 医生和伯纳德似乎不知不觉陷入了某种"停滞的状态"，他们甚至会讨论起一些话题，这包括观鸟探险、找泌尿科医生或皮肤科医生看病等，但是仅此而已。

尽管有些人会说伯纳德坚持定期接受治疗，这使他算得上是进入治疗环节的病人，并且这确实表明他从治疗中获益，但是 E 医生往往不敢苟同。与本章所描述的有自杀倾向的和被 S 医生治疗了十来年的病人相比，伯纳德似乎没有表露出有真正值得忧虑的问题迹象。与那位有自杀倾向的病人相比，伯纳德和治疗师双方都没有去改变的动力。当然，这两位病人与他们的治疗师之间联结的性质是迥然不同的。E 医生和伯纳德之间的关系是相对舒适的，而 S 医生与病人之间一直存在紧张的和令人担忧的关系。

E 医生和 S 医生都感到，与各自的病人建立了强烈的联结，而这种联结也得到了病人的回应。他们的案例也有颇为类似的地方，因为每位病人都明确表示，他们不会改变或无法改变。因此，他们似乎属于"启动失败"这个类别，并且会引发关于难题或病理到底出在哪个地方这样的问题。或许治疗师情不自禁地陷入了一种自满的状态中，或者这些病人顽强地抵制变化，这实质上反映了他们坚持任何改变都是不可取的这个主张。

实质上，E 医生可以轻易通过指出病人和治疗师双方的整体舒适性来对伯纳德的治疗之所以停滞不前进行合理化解释。他欣然地采取这样的立场，即只有当某人感到不舒服时治疗才有意义，因此他坚称他的病人无法忍受这种不适之感。尽管治疗最终应该从整体上带来一种幸福感，但通往这个最终状态的道路是坎坷不平的。毫无疑问，不同的理论方法（Bacal，1985）会挑战这种预设，但是 E 医生认为缺乏痛苦反映了缺乏进展。稍后我们将会进一步阐述那种引导了 E 医生得出这种理念的理论（第十五章），但是，无论理论之间存在什么可能的差异，伯纳德的状况似乎依然毫无起色。某些人也许会说，这未必就是失败的反映。这也许不仅强调了理论中的差异，而且强调了失败这个定义本身的差异。

我们在此似乎需要区分两个不同的群体。第一个群体是无法建立和维持联结的群体，人们冠之以各种各样的名称：关系、治疗或工作联盟、自体—客体联盟等。未能建立这种联结，或许这要么归咎于病人，要么归咎于治疗师，从而涉及合理匹配的问题（Kantrowitz，1995）。

这种联结一旦建立起来，就必须维持下去，并且这变成了一个亟需考察的领域，因为它导致人们去思考第二个群体。第二个群体中的病人似乎无法忍受联结的某种形式的中断或从中断中获益。这种中断也有各种各样的名号，这包括解除压抑、发展性成长、共情破裂，等等。这些短语绝不可能具有完全相同的含义，而是仅仅表明构思治疗过程的不同方式。实质上，这项举措的目的就在于改变现状。某些病人在这方面做得很好，而某些病人则毫无起色。

关系及其命运

不可否认的是，一段有效的关系会给人带来积极的和有益的影响。它使许多病人既感到人格的完整统一，又感到被人理解。共情联结这个纽带具有显著的舒缓病情的作用，而据说这种效果来自共情联结的持续运作，尽管它通常被冠以各种各样的名称。某些理论成果全部是建立在如下基础之上的：旨在努力建立这种"关系"和治疗工作（Mitchell，1988）。还有很多根据关系的滥用或共情联结的滥用而著述的文章和批判（Gabbard，1994）。关键的因素似乎在于联结或纽带保持一成不变。某些这种业已建立却一成不变的关系反映了某种被视为"支持性治疗关系"的东西，从而反映了治疗取得了积极的效果。就此而言，许多治疗都没有大大超越这个范围，也没有必要这样做。治疗之所以会无法或不愿意超越这个静止的局面，这或许是因为病人的病理、治疗师的心理或为治疗提供支撑作用的理论所具有的局限。如果改变此类联结是可取的和可行的，那么失败的归因适用于这种状态。

将那些达到或保持一成不变的状态的治疗看成是某种失败的证据，这似乎是合理的。当然，只有当这种停滞不前的情况反映了某个人处于更不可取的状态，而他（她）本可能更接近最佳的健康状态时，才可以说这种停滞不前的状态是失败的证据。自体心理学中可以见到关于这个问题的好例子。自体心理学会预设这样一个顺序：（a）建立共情纽带；（b）然后因一种或多种解读而导致共情中断；（c）因共情中断而导致可控的创伤性状态；（d）从而导致心理结构的建立；（e）将相关的关系内化为更牢固的自体客体联盟、自我反省的能力以及更好的自体整合感。当然，这也可以被视为稀奇古怪的理论描述，而不同的理论方法无疑会提供其他形式的解释，但是，唯一的要点就是进展和改变。启动的失败就是指无法促进一种变化，而不管治疗师能否为病人创造舒适感和被人理解的感觉。

我们所描述的病人是多种多样的，包括那些只接受了最初预约的几次治疗后就杳无音信的病人，也包括坚持定期前来接受治疗的病人。某些病人很快就表达了不满之情，而其他某些病人则一直感到满意，但是他（她）们的病情都似乎没有多大起色。不管治疗师是谁，早期流失的病人都可以被视为是无法治疗的病人，而继续接受治疗的病人则可以被视为是在享受持续的得到支持的感觉。然而，我们都需要关注这两个群体，将他们作为一种形式的失败，除非治疗的目标是仅仅接受治疗。

启动失败的案例开启了对失败的一系列研究，该研究把失败当作一个不断变化和运动的过程。因此，我们需要调查和审视那些未能启动的案例、那些积极的变化被打断的案例以及那些惨淡结尾的案例。进程中断既可以由外部因素导致，也可以由无法预见的事件引发。治疗或因强烈的失望而惨淡结尾，也或许因微小的失望和没有实现最初构想的目标而结束。在治疗经过有希望的阶段或停滞不前的阶段后，往往会出现这个结局。不过，所有的失败都向我们提供一个学习的机会。我们应该从共情纽带的本质到底是什么这个最基本的问题着手研究，而这将是我们第十三章的主题。

第 **8** 章

干扰、干涉和糟糕的终止

在我们的研讨会回顾中出现了一个失败案例，其早期迹象在第三章中被提及。当案例突然地和不可思议地变得糟糕时，做案例展示的分析师或治疗师都感到惊奇。因为我们的会议原计划去考察失败案例的性质，所以我们最初不太重视出现的这个情况，而只有当有人展示一系列此类事件时，我们才开始想了解这种意外的情况可能具有的含义。

干扰

很多此类案例是明显类似的，因为有一些事件都会发生。分析或治疗开始时的问题主要集中在费用或者治疗安排上面。病人并未很快按部就班地开展治疗或分析，而是卷入许多不属于精神分析范围的活动，例如，婚外情、婚姻争吵和变换工作等。分析师留意到，他（她）与病人日益疏远，并且/或者觉得病人缺乏一定程度的责任感。大多数干扰在分析师所宣布的休假时段发生，也有极个别干扰在涉及病人必须请假时出现。在此类离别之后，病人往往会暂时回来，只为宣称自己打算终止治疗。治疗师的普遍反应是感到吃惊或气馁，然后专注于所谓的自我反省。这样做的目的在于为个人的过失感寻求答案，而这种感觉就是，自己做错了某事，并且／或者是坚信自己糟蹋了一例可能会成功的精神分析或心理治疗。此后一般会找出许多解释，并往往最终归咎于病人的无法治疗性。治疗师或分析师所犯的主要错误或过失就是，对病人成功地进行分析或治疗的潜力感到乐观。由于我们坚信自己作出了错误的选择，所以使我们得到赦免的宽慰，即便这种宽慰往往昙花一现。

展示案例的人与听众都会觉得，此类案例并不是那些从未真正启动的案例。大家都觉得治疗过程已经开始，而只是令人略感失望地受到了干扰。而失望这种感觉就是一种最佳指标，表明这种关系比那些未能启动的案例中的关系更有意义。这种关系总是辩证地变化的共情联结的晴雨表，因而干扰是一种相互体验。我们会在后面讨论在所有心理治疗和精神分析中的共情联结的特殊意义，但是我们现在只是指出，它或许起到区分失败案例与其他案例这样的作用。共情被破坏的感觉是一种路标，使我们得以对受到干扰的案例——建立了共情联结的案例而不是那些没有建立共情联结的案例进行评估，并考察共情被破坏的原因及其结果。

一项被提出而不易确认的提议就是，那些中断治疗的病人因为害怕遭到更严重的干扰，所以制造一种他们自己能够控制的干扰。一位病人告诉他的分析师，他在他的分析师度假期间（即，当他不在她面前接受分析时）感觉更好。他坚称，他并不想念她，也不渴望她回来。他因而可以更加主动地掌控潜在的创伤性体验。在讨论受到干扰的案例中，并未听到这个"这位病人并未真正接受分析（或治疗）"这种经常提到的评论，但是经常会询问诸如"还可以做哪些其他的事情"或"到底哪儿做错了"之类的问题。

干涉

与受到干扰的案例所带来的震惊或意外相比，那些表明有明确的干涉来源的案例，往往具有如下特征：在治疗真正开始之前，潜在危险就被人意识到和察觉到。最明显的干涉似乎在治疗刚开始时就含蓄地宣布它们自己的存在，而人们往往没有充分意识到它们的潜在影响。

案例

一位有三个孩子的中年已婚妇女接受了精神分析。最初，她丈

　　夫的分析师鼓励她进行精神分析，并为她推荐了一位年轻的分析师。她丈夫做了较长时间的精神分析，而他和他的分析师都认为，持续存在的婚姻问题表明，夫妻双方都需要进行治疗。展示案例的分析师刚刚完成他的精神分析项目的培训，而被一位年长的老师遴选来为他这个病人的妻子做治疗，他为此感到高兴和受宠若惊。

　　治疗的过程并不简短，但它意外地并且令人颇为吃惊地终止了。可以这样说，病人和她的分析师都对她丈夫的行为感到难以理解和束手无策，病人除了继续难以与丈夫相处之外，精神分析似乎使她的生活产生了许多变化。她开始意识到，维系与这个男人的婚姻与她自己的成长和发展产生了冲突。因此她开始琢磨离婚的可能性。尽管她的分析师颇为支持她的这个想法，但是他承认自己担心，不知道他所敬仰的并向他转介这位病人的分析师可能会作出什么样的反应。

　　病人与她的丈夫发生了争执，他指责她从治疗中一无所获，并最终要求她停止治疗。他也打算终止自己这段颇为漫长的精神分析，并声称，他无法了解她，而独自进行精神分析没有任何意义。对离婚的盘算使病人感到害怕，而她丈夫的分析师否决了让他们夫妻共同接受某种形式的夫妻治疗的建议。这位女病人的分析师在咨询室里除了感受到病人和她配偶的存在之外，也感受到她丈夫的分析师的存在。最后，病人声称，为了维系她的婚姻，她觉得有必要停止她的治疗。这位分析师认为他失败了。

　　某些受到干涉的案例比其他案例更加微妙，但是，从本质上说，治疗都涉及另外的需要得到承认的一个人或更多的人，从而阻碍病人与分析师或治疗师一道解决问题。在儿童治疗中经常会感觉到这种看不见的他人的在场的影响，而父母的影响一般通过实际的会面、时不时的电话或费用支付问题等形式展现出来。然而，即使假定某些第三方是看不见的和完全匿名的，我们也能明显感受到他们在背景中的存在，被很多治疗师和分析师候选人要求或请求的督导师便是绝佳的例子。

有大量的文献论述了督导师在心理治疗或精神分析中所扮演的角色（Fleming & Benedek，1983），它们通常强调它的必要性和有用性。不过，某些关于失败案例的报告揭示，在如何最好地处理和理解案例材料上，学生与督导师不断发生冲突和争论。如果督导师与治疗师各自持有不同的理论倾向，就往往会出现这种情况，同时如果在学习中有更加重大的问题，也会发生此类冲突和争论。有的督导师坚持在精神分析时坐在角落里旁听（Goldberg，2010），有的督导师则将督导等同于治疗（Fleming & Benedek，1983），这导致很多治疗师无法摆脱自己受到观察、评价和批评的感觉。当然，任何治疗都有可能遭到许多外部干涉，这包括有益的干涉与有害的干涉；然而，有时候解决冲突唯一可行的方案就是中断治疗。我们往往发现，当源自地位和职位方面的权力的不平等导致僵局时，案例失败成了唯一的答案。

许多被报告的案例表明，督导师有干涉的迹象，在少许案例中，学生最终更换了督导师，而一些案例以失败而告终。从某种角度来看此类案例报告中的不足是明显的，并且把顾问医生作为裁判或调停者来运用。由于存在权力方面的差异，所以这种情况是罕见或不同寻常的。尽管如此，病人往往成为本章所述案例中类似冲突中不明所以的旁观者，而权力问题导致晚辈分析师沦为无助的旁观者角色。

对干涉案例进行准确评估的问题在于，往往是关于设定某个目标优先于另外目标的问题。正如人们可能感觉到的那样，上述案例中的病人经过治疗后肯定会有所改善，因而有必要随着治疗的进展而修改和改变一个人的目标。这种灵活性使人们得以用新的眼光来看待干涉，因为它能够被视为一种设限的举措，重视病人和治疗师所在的更大系统。在教育系统中，这种更加开阔的视野也是必要的。

我们将在第十二章中对目标进行更深入的讨论，但是我们需要意识到，目标往往是内隐而不是外显的。完美主义态度与过于随意的态度一样，都不利于获得成功。在失败的定义中，许多问题在于治疗目标的模糊不清，后者不仅难以阐释清楚，而且往往不可能实现。一个被转诊来的学生的案例便是这样一个绝好的例子。她因为无法通过法语考试而无法获得博士学位，因此前来就诊。治疗很快表明，她因在治疗中所揭示的原因，表明她自己的个人目标绝不仅仅是获得博士学位。

糟糕的终止

关于心理治疗或精神分析的完美结局的比例，现在并无可靠的资料。许多治疗因为不可预料的因素而终止，而此类因素可能会受到看似没完没了的治疗的欢迎。某些治疗因为医患双方都筋疲力尽而终止，某些治疗在规划好的时刻寿终正寝。终止的分类有两种明显的不同，一种是根据病人的内在感受而作出的终止，另一种是根据外部可见的参照点作出的终止。那个因为无法学好法语而来寻求治疗的病人，并未达到博士学位所需的语言要求这个特殊目标，但是却发现自己内心偏好选择一种迥然不同的职业生涯。

在正在进行的治疗中，一旦"终止"被作为核心问题提出，那么整个治疗过程将被改变。诸如死亡或地理迁徙那样不可预见的因素，并未使人们感受到这种特殊的体验对终止阶段来说有多么与众不同，同样，治疗中糟糕的结局的代表性案例也是如此。我们必须将"糟糕的终止"定义为本来可以成功的治疗中发生的终止，从而成为某种类似于本来可以获得成功的治疗的标志的事物。

案例

彼得是一位陷入不幸婚姻囚笼的男士。他在一段长时间且难以维持的婚外恋情中难以抽身。他觉得自己无法进行夫妻治疗，因为他的妻子对其出轨行为尚不知情，最后他只好求助于个体心理治疗。

彼得的心理治疗收效良好，而随着时间流逝，他的婚姻得到改善。让彼得颇为意外的是，他的情人对他们的不伦之恋感到不满，并且单方面决定终止这段关系。他们为终结这段风流韵事大吵大闹，最后以被抛弃的情人的痛苦离开而收场。治疗师本身对这段婚外情的这个变化感到高兴，并且觉得他和他的病人现在可以开始考虑治疗终止的问题。然而，彼得竟然销声匿迹了。

　　他支付了账单，并打电话取消预约，便杳如黄鹤。彼得的治疗师向顾问医师求助，以便更好地理解，这个本来管控良好的和看似成功的案例，或更贴切地说有成功潜质的案例，到底哪儿出了差错？他做错了什么事情？他本来可以做些别的什么事情？顾问医师在粗略地回顾了彼得的病史以及治疗的详情之后，只是点了点头并说道，彼得似乎致力于制造一个糟糕的结局。他无力终结他的风流韵事或他的婚姻，他无疑也无力妥善地终止他的治疗。这个案例并非失败的案例，而是准确地描述了彼得处理事情的方式。他的治疗师为此感到高兴，并将愧疚感抛到九霄云外，事情以皆大欢喜的方式收场。

　　需要知道的是，心理治疗或精神分析并没有终结的蓝图。某些人以某种方式终结，而某些人以另外的方式终结。或许有理想的方式来终结治疗，但是如同许多理想那样，都不可能实现。如治疗中的很多其他问题那样，主观因素变得至关重要。彼得无疑会将他的治疗描述为成功治疗，而几乎可以肯定的是，他会觉得自己的治疗以颇为奇怪的方式结束了。他的治疗师保留了规范性的治疗方案，作为成功或失败的指南。毫无疑问，绝大多数糟糕的终止都无法像彼得的案例那样轻易解决。

案例

一位治疗师展示了一个他觉得明显是糟糕的终止的案例，因为病人在他语音信箱中留下了恶毒的和愤怒的信息，而治疗师觉得他自己对病人已经做到仁至义尽。他给他治疗的时间较长，并且允许病人感到孤独或难过时给他打电话或语音留言，他也给病人开具了各种各样有益于舒缓病情的药物。

病人描述了他的成长经历。在他很小的时候，过得不幸的父母离异了。治疗似乎围绕一系列与女性发生的不成功的恋情进行。在此类交往中，他通常在发现对方的缺点后停止约会，而此类缺点包括感情过于浓烈和感情过于淡薄。治疗师曾经提议他与病人一起跑步，从而每周至少花一个小时的时间来参加这种互动活动。根据他的案例展示，他聚精会神地与病人建立和保持共情联结，此外，他还不断琢磨进行更长时间的跑步锻炼或如认知行为疗法（CBT）那样的其他疗法是否可能会有所裨益。几乎可以肯定地说，治疗师对病人的治疗颇为上心，并且为自己做得不够好而感到烦恼。他曾经对病人说，自己无法提供病人所需的全部帮助。他对听众群体说，病人所提的要求无法满足。最后，病人提出，将治疗的频率降低至每月一次。当治疗师拒绝后，病人就取消了预约的所有治疗。此后不久，治疗师就收到了病人留下的怒气冲冲的语音留言。

在治疗师讲述这个案例时以及在随后的案例讨论中，会场笼罩着一层失望的氛围。病人对他的父母双亲感到失望，而他的父母也明显对彼此感到失望。他的所有关系都笼罩着失望的氛围，而这种氛围也传染给治疗师，他最初下定决心不让病人失望，但是最终对似乎不可避免的结局俯首称臣。病人在治疗终止时所表现的暴怒，似乎也在情理之中，因为治疗未能兑现希望和承诺。治疗师所付诸的额外努力，包括与病人一起跑步，生动地描绘了一个注定无法兑现的期望。这样的治疗似乎注定会以糟糕的方式收场。

根据时间线来对失败进行分类，不仅便于人们根据糟糕的开始、糟糕的过程和糟糕的结局来做些区分，而且强调了人们需要更加明确地界定失败案例的原因。我在第六章、第七章和第八章进行此类探讨，并在第九章导言中开始讨论，选择特定形式的治疗或许并非最佳选择。

第 9 章

浅议病人的流失

难以从精神分析或心理治疗文献中收集到关于病人流失情况的资料。尽管有很多关于令人讨厌的或难缠的病人的案例报告，但是关于在治疗中未能留住病人的报告并非常见。此类失败的案例包括那些在治疗中很早就离开精神分析或心理治疗的病人，也包括那些坚持过早终止治疗的病人。我们稍后将讨论这个群体的例外情况。在绝大多数情况下，病人成功完成治疗被视为一种美德，而病人流失则被归入某个类似于错误或失败的类别。对这种情况或现象进行否认是具有挑战性的。此类失败很快被归因于分析师或治疗师个人的不负责任，因为病人流失至少从某些定义看来是一种疏忽。

与缺乏详细的关于病人流失的临床资料形成鲜明对比的是，私下谈话中有大量的关于病人流失的逸闻趣事的讨论，这包括出人意料地终止治疗的病人，似乎从未专心治疗的病人，或那些似乎与治疗模式匹配不佳的病人（Kantrowitz，1995）。

我们在精神病学的文献中看到有病人从临床试验中退出的情形，但是此类报道一般限于试验过于艰巨或药物治疗的副作用难以忍受的情形。在精神分析或心理治疗中，通常会先对病人流失作出解释。此类解释沿着时间线来进行：在治疗刚开始时的病人流失往往（但并非总是）被归咎于病人的某种特殊病理，而在治疗或精神分析进行了相当长的一段时间之后发生的病人流失则归咎于治疗师或分析师。"责备"（blame）这个词语用得恰到好处，因为病人流失往往附着有固定的道德污名。

人们可以根据时间线来对治疗失败的考察进行整理。最早的失败被归入治疗联盟失败这个类别，紧接着的失败被归入因移情—反移情困境而导致的失败。最后的失败就是那些反映了未能成功终止治疗而导致的失败。尽管这种根据时间的先后顺序整理而成的失败类别具有某种简洁性，但是毫无疑问，仍然有数目难以确定的治疗失败案例无法予以清晰地归类。它们是令人费解的，但是依然声称其要么是因为某些事做错了，要么是因为未能做正确的事情。无论如何，病人流失终究是一个错误。

治疗同盟

李维（Levy）编写的一本书对"治疗同盟"这个概念作了精彩的回顾，许多杰出的精神分析师在书中探讨了这个概念（Levy，2000）。弗洛伊德谈及移情的非客体性（unobjectionable）的部分时，他认为积极特性是精神分析迎难而上和继续前行的重要原因（Abend，2000，p. 10）。随着此类讨论者对治疗同盟或工作同盟的意义和价值进行仔细研究，他们会持有不同的立场，有的赞同这个概念，有的则拒斥这个概念。瑞尼克（Renik, 2000, p. 96）告诉我们，他觉得治疗同盟没有直接的实用价值，并且他本人对这个概念并无多大兴趣。格里森（Greenson, 1978）和泽泽尔（Zetzel, 1966）对这个概念进行了论述，强调它对促进分析来说是不可或缺，并将它与移情区分开来。勃伦纳（1979）觉得这种区分是"华而不实的，并且一般说来，它给分析实践带来了不良的后果"。纽特泽尔、拉森、普泽梅（Neutzel, Larsen & Prizmer）在 2007 年的一篇论文中作出如下总体性结论：治疗同盟是病人报告的总体调适最好的预测因子。关于这个概念的价值和意义的大部分争论，都是如泽泽尔和格里森所主张那样，是关于把同盟与移情区分开来而展开的拉锯战，或者本质上是早期的母性移情现象（Freedman, 1969）。

除非我们引入某个反映治疗进展能力的概念，否则我们似乎难以理解哪个因素或哪些因素导致治疗获得成功。可以稳妥地假设该因素的缺席是导致治疗失败的原因吗？我们是不是因为这个因素才流失病人，无论它是否反映了早期的母性移情，也无论它是否因为治疗师满足了病人的需要才出现，也无论它是否体现了那些治疗关系中力量不够强大到足以维系这种关系的现实因素？

在关于治疗同盟的存在及其根源非常详细甚至艰难的讨论中，一个不可避免的结论就是，既有辅助和促进治疗的因素存在，也有阻碍或妨碍治疗的因素存在。有人（Adler, 2000, p. 76）认为，妨碍因素不过是促进因素的缺席或它的"脆弱性"（fragility）而已（p. 77）。凸显此类立场的一个前提主张是，"健康"的病人具备足够的素质来治愈，而那些被称为边缘人格障碍或自恋人格障碍等病情更加严重的人缺乏足够的素质。这个前提会导致一个合乎逻辑的结论：

困扰更少的病人必定能够形成治疗同盟，如果治疗失败，那么显然错在治疗师。另一方面，如果治疗是成功的，那么建立良好的工作同盟是最起码的要求。失败是由病人的病理学和分析师或治疗师的不称职而造成的。成功是更健康的病人与治疗师的专业技能相结合的产物。

然而，依然存在例外情况。有时候，神经症病人与称职的治疗师之间尽管存在良好的匹配，但是治疗也走进死胡同。有时候，边缘人格障碍病人尽管与业务不够娴熟的治疗师之间的匹配不佳，但是治疗进展良好。这难道是规律的例外情况，抑或根本就没有什么规律来给我们提供指导？我们委实知道，极为苦恼的病人依然坚持接受精神分析或心理治疗，并且从中获益良多，也有稍感苦恼的病人的治疗走进死胡同。某些病人的病情过于严重，乃至于无法接受精神分析，类似的原则也可以用于那些病情过于严重乃至于无法进行心理治疗的病人。尽管可分析性是一个包含一系列要求的概念，但是可治疗性是一个更加松散的术语，它隐含着诸如"渴望病情好转"和"变得更讨人喜欢"等限定性短语。

对失败的精神分析或心理治疗进行的任何诊断评估可能会得出如下结论：糟糕的匹配、脆弱和破碎的治疗同盟、未能充分诠释的阻抗、得到不当表达的反移情或一系列其他被猜测的因素。绝大多数这样的结论都是事后诊断，而仅有少许是预测到的结果。

在大多数案例报告中，临床展示的是对病人遵循特定的治疗计划情况进行评估。我们并未看到过程中会出现重大改变，例如，自体心理学家转换至"主流的或经典的"立场，或人际关系流派治疗师决定，拉康式的方法可能更加有效。相反，我们学会去预设治疗师或分析师会顽固地坚持他们的态度和诠释。极少看到精神分析师会采用认知行为疗法或推荐病人采用这个疗法。然而，阿本德（Abend，2000）在一个醒目的脚注中，似乎恰当地反映了当前的现状。他说，精神分析师会提倡各种各样的新兴的精神分析流派的方法，他们持有的观点可能会与他自己的限于"主流的或传统的精神分析思维"不同（pp. 11-12）。我们根据最契合自己的理论方法来行事，并据此来解释治疗的成功与失败。或许这是一个错误，或至少是一个警告信号。

案例

肯尼斯（Kenneth）因为感到生活漫无目标而来寻求精神分析。尽管他毕业于一所名牌大学，但是他脑海中并没有清晰的目标或职业规划。他的母亲对他看似抑郁的状态忧心忡忡，建议和鼓励他来寻求心理治疗。精神分析的安排进展顺利，并且最初的几个小时的治疗似乎预示了治疗会大有希望。最初几个小时的分析内容除了病史之外，基本上都与他那喜欢指手划脚且恼人的父亲有关。他的父亲打电话给我说他阅读了肯尼斯电脑里的邮件，还试图偷听肯尼斯的电话。他的父亲检查了肯尼斯的卧室（或肯尼斯以为他这样做了）。我暗自思忖和解释，此类活动会让肯尼斯有多难过。不久，肯尼斯就开始爽约，不来参加治疗，并且对此类爽约行为表现出毫不在乎的样子。治疗中的任何讨论似乎都不会引起他的关心，他也没有提供任何说得过去的解释。我自己一再对他的缺席进行诠释，并且劝导我的病人继续参加定期的治疗。毫无疑问，在我看来，我的诠释是很丰富的，涵盖愚蠢荒谬的、匪夷所思的和偶尔明智的诠释等。然而，它们全部无济于事。肯尼斯停止前来参加治疗。他的父亲打电话告诉我，肯尼斯对我有多失望。我流失了一位病人。

毫无疑问，许多读过这篇临床方面短文的人可能会觉得，并没有任何临床材料可以保证得出关于我的失败的原因的重大结论。根据某个思想流派的观点，我未能充分建立起治疗同盟或工作同盟，因而病人缺乏一个基本的无异议的信任感或希望感。根据另外一种思维模式，这位病人的确建立了某种形式的移情，将他与父亲相处的方式转移至一个爱干预和爱管闲事的精神分析师，因而很快逃离了这种关系模式。我确信，这会引发一系列其他的失败，这包括我缺乏真正的共情，我无法向我的病人透露我自己的感情。此类和其他可能的评论的一个基本主题就是，所有发生的结果未必会出现。其他的某个人能够或原本能够做得更好。这是毫无疑问的。

我以为自己在进行"主流"的精神分析，以为建立了治疗同盟，然后我可以期望意料之中的结果。后来，我怀疑或许是我的个人主体性未得到暴露和表达。或许，某个更加倾向于采取关系取向的精神分析师会做得更加成功。我脑海中涌现各式各样可能的替代性治疗方式。我是不是忘记解释这个事实：肯尼斯之所以来参加治疗，是因为他母亲的坚持？这是否意味着他的母亲渴望他接受精神分析？我渴望参加一个讨论治疗失败案例的例会，因为我现在仍然陷入自我批评的困境。

移情与反移情因素

　　尽管这肯定是一个有争议的问题，但是在建立治疗同盟后，考虑建立可行的移情神经症也是颇为方便的。毫无疑问，精神分析的中间阶段是分析师所作的建构，因为在分析刚开始时就已知形成了移情。关于移情的识别和处理，真是众说纷纭，而关于因此类问题处理不当而流失病人，无疑也是观点纷呈。的确，从某种意义上说，所有关于病人流失的问题都归结为移情和反移情的管理，而除了特定的案例之外，没有办法来展示这些问题。

　　督导是对精神分析和心理治疗批判的试金石。尽管在理想的情况下，督导应该是以这种或那种形式不断进行，永不停息，但是在现实中，督导往往主要是在危急时刻出现。有这样一个案例，J 医生和我一起讨论他流失的一位病人，当治疗过早终止时，他感到意外，并想讨论这种终止治疗的突然性，因为它是如此不可预料，他觉得自己受到了不公正的对待甚至感到自己遭到了病人的背叛。

案例

苏珊（Susan）因为对她丈夫持续的和反复出现的不忠行为而来找 J 医生治疗。匪夷所思的是，她不是因为另有新欢，而是会周期性地搞一夜情，而且她通常会向丈夫忏悔自己的罪行。

苏珊的病史被展示如下：她对她的父母的记忆绝大多数是他们给她带来的羞辱，他们不善持家，家中总是邋里邋遢和凌乱不堪。从她很小的时候起，他们本地的一位神父，也是他们家的一位世交，会趁她的父母晚上外出打保龄球而托付他照看她时，定期对她进行性虐待。当她在数年后最终向父母说出真相时，她的父亲做出这样的回应：尽管他意识到这是错误的，但是因为担心会毁掉这位神父的声誉而未能采取恰当行动。她的父亲对妻子和儿女会拳脚相加和恶语相向，并总是搞婚外情。她的母亲对父亲的婚外情了如指掌，并且总是原谅他。在她眼中，她的母亲是一个脆弱的受害者，而她的父亲仿佛是一只以自我为中心的虱子。

当她努力处理因饮食障碍而导致体重超重的问题时，她遇到了她未来的丈夫。在她们头一次约会时，她就对他意乱情迷，而他对她则表现得不冷不热，直到第二次约会时才变得热忱。第二次约会是在几个星期之后，其时她的身材变得苗条多了，对他和她自己来说都更有魅力。在婚姻早期，夫妻双方都感到幸福，直到有一天她对丈夫与另一个女人的电邮联系起了疑心。她的丈夫向她保证，他从未与那个女人见面，但是从未保证他绝对不想与那个女人见面。

她相信了他的话。就那之后她逐渐养成了在没有她丈夫陪伴的情况下与她的女性朋友外出的习惯。她在夜总会找帅哥调情，偶尔也会带他们回家过夜。她的丈夫对此竟然傻乎乎地不起丝毫的疑心，而当她最终将私通对象告诉他时，他竟然令人吃惊地选择宽恕，令人沮丧地迟迟不采取行动，并还当司机接送她去女性俱乐部，而不是陪她一起去消遣。在她前来寻求治疗时，她把她丈夫贬低为取款机，尽管她通过一再残忍地讲述她与男性酒后乱性的糗事来伤害他。除了对他还有微弱但是逐渐烟消云散的安全感之外，她实际上对他恨之入骨。在她搬出去很久之后，他最终对她关闭了婚姻这扇门。

J 医生对苏珊的治疗颇有兴趣甚至有点痴迷，他觉得他们一起能够顺利开展治疗。他寻求督导的起因是，苏珊宣称她因为手头紧而被迫终止治疗。J 医生和苏珊约定，如果她因故无法如约到访，她就给他发电邮告知，而在她宣布终止治疗前，她就有一次爽约不到，并忘记通过电邮告知 J 医生。他向她提出这个问题，她解释说，她只有在工作场所才有电脑，而家里没有电脑，因而无法给他发电邮取消预约。J 医生当场就知道她在撒谎，因为她之前就在家里用电脑发过电邮。他感到困惑和慌乱。他是不是应该当场揭穿她的谎言呢？她真的是手头拮据而无法继续接受治疗吗？J 医生意识到自己莫名其妙地成为她戴绿帽的丈夫的替身，不久就寻求了督导，因为他从我的著作中看到有关垂直分裂和自恋行为障碍的内容（Goldberg，1999），并觉得这个案例是一个极好的例子。

J 医生的反应与我自己的反应有如下显著的差异：他觉得自己完全被蒙在鼓里，而我觉得自己在肯尼斯的案例中做错了某事。他认为他自己知道如何去做，因为他将病人流失的原因归咎于他的教育缺陷，而我更倾向于将病人流失的原因归咎于个人困境。不可否认的是，人们可以将这两个关于病人流失的案例归咎于反移情问题，因为它们都是由病人产生的移情反应所导致的。J医生是颇为幸运的，因为他意识到并承认他的缺陷，并且寻求补救措施。尽管任何一个读者都可能知道我可能或应该也那样去做，但是我没有那么好的运气。J医生向一位督导师寻求帮助，他觉得这位督导师对问题的本质及其补救措施有一套清晰的理论，而我却没有如此清晰的方向。更为要紧的是，J医生有足够的自由来执行新的议程，而我或许过于画地为牢。

渴望病人流失

无疑存在这样一类我们极少论及的病人，他们属于第七章中所说的带有负面含义的病人，由我们希望摆脱的病人构成。我在此仅仅展示一个可以察觉到这种想法的案例，但是毫无疑问，这种想法可能主要在无意识层面发挥作用。

案例

克拉克（Clark）是一位寻求治疗的年轻男士，他有诸多不同的症状，包括强迫性地检查他是否锁门，总是对自己的健康状态疑神疑鬼。我对克拉克进行了多年的心理治疗。据他讲述，他有一个糟糕的过去，父母离异，一个姐姐（妹妹）死于服药过量，他的母亲曾接受过心理治疗并催促克拉克来找我开具这种药或那种药，他的父亲和他的关系颇为疏远。克拉克的治疗基本上是成功的，他努力从法学院毕业，并找了一份稳定的工作。对我来说，克拉克无疑是一个棘手的病人，我经常在他预约的治疗时间临近时感到内心的沮丧。

克拉克有几次停止（或更贴切地说，是中断了）了治疗，而只是遇到危机时又回来治疗。最近一次治疗围绕他与一位年轻女士的恋情展开。他想与她订婚，而这个愿望不可能实现，因为他与她之间爆发了不少争执和打斗。我在听他在最近一次回来讲述的内容时，我觉得克拉克除了需要我所提供的治疗之外，还需要其他治疗，而我需要摆脱他。我建议克拉克接受精神分析，并且是找其他人进行精神分析。我向他详细地解释心理治疗与精神分析的区别，并鼓励他选择后者。

当我将克拉克转介给其他人的时候，我感到无比轻松。尽管我的动机可疑，但是我的确觉得自己的建议是合理的。克拉克对我的立场感到困惑不解，并在没有听从我指导的情况下离开。我后来了解到，他找了其他人进行心理治疗。我尽管对此感到糟糕，但是很高兴我再也不用担心见到他。我自己的移情导致我流失一位病人。然而，我还是恪守这样一种特殊的理论——坚持通过对自己的自体分析来处理我对病人的感情。另外一种理论（Mitchell，1995）可能有助于我与病人分享感情，因为我们一起构建了治疗情景。人们又一次领略到，我们是如何忠诚于我们的理论所坚持的见解。

过早终止和不断退行的终止

与本章的主题似乎有点矛盾的是，治疗终止的问题表现为如下两个方面：某些病人宁可中断治疗也不愿忍受治疗的终止阶段，而某些人由于同样的原因而绝对不许终止治疗。后一种情况往往是一位不想忍受病人流失的治疗师或精神分析师的写照。尽管我们一般把治疗过早终止视为"健康之旅"，但是我们不愿意将"永久病人"视为分析师或治疗师容易流失病人这种情况的一种反映，这是早前所说的"流失"这个常见的概念的例外情况。

案例

　　C 女士是一位中年妇女，当她被转介给我时，被人描述为"所见到的最严重的疑病症案例"。她的第一位分析师在他退休时终止了对她的精神分析，并把她转介给其他人。但是，这个终止似乎并未成功，因为 C 女士出现了严重的焦虑症并请求转诊。她开始接受另一轮看似成功的精神分析，而在经过多年的分析之后，她又被建议终止分析。C 女士又一次出现严重的焦虑症，并请求继续治疗，尽管治疗的频率大大降低。一旦治疗安排被确定下来——只要 C 女士想来治疗，就可以每周治疗一次，她的焦虑得到明显舒缓，而只有在较长时间的分离期才重新出现。

　　我简直无法摆脱这个病人，并且发现我的许多同事也有这种永久病人的类似例子。他们能被视为在真正解决移情问题的过程中出现的问题吗？他们当然是！抑或他们被视为精神分析对象的一个子类——需要永不停息的治疗的人？尽管我目前无法回答这个问题，但是它的确凸显了病人流失中的一个主要问题（换言之，将治疗与被治疗的对象区分开来）。到目前为止，我们尚没有清晰的关于心理障碍的分类系统，使我们得以对治疗与病人进行匹配。坎特罗威茨（Kantrowitz，1995）所论述的匹配，不仅与病人和治疗师相关，而且与治疗和治疗师相关。或许阿本德（Abend，2000）对"主流精神分析"的拥戴最好被这样看待：某种形式的治疗适合于某种类型的病人，正如科胡特的观念适用于其他病人那样。因此，某些病人流失现象背后所隐藏的问题或许正是这种不匹配的情况。

讨论

库珀（Cooper, 2008）在一篇非常令人信服的关于精神分析（至少在美国）的现状的文章中断言，精神分析领域存在许多不同的思想流派，也存在等量齐观的权威主义正统。因此，我们生活在一个稳定而多元的时代。库珀悲叹，现在并没有一种真正科学的话语来供我们确定什么是的确有效的，从而可能结束他所认为的当前的混乱状态。

首先，人们要区分两种多元主义：一种是主张对同样的问题采取不同的方法或解决方案，另一种是坚持对不同的问题采取不同的方法。例如，许多不同的抗生素会治愈一种特别形式的传染病，而不同的传染病可能需要不同的治疗。在第一种情况下，人们可能旨在和期望对相互竞争的药剂不断改良，从而确定最佳的一种药剂。很多科学的学科和很多治疗措施都需要经过一段成长和发展的时期，来获得这种最佳的解决方案。在第二种情况下，人们需要决定如何区分什么是不同形式的病理学以及不同形式的治疗。我们往往会遇到这种情况，尤其是在医学中：我们往往是在对类似相关的疾病研究中发现治疗某一种疾病的有效方式。我们在癌症治疗中也看到这种情况：某种治疗方法对某种形式的肿瘤有效，而对其他肿瘤则根本无济于事。

库珀（2008）所说的反映当今精神分析现状的立场似乎表明，有大量的正统方法拒绝精细化，因为它们没有相互交流。他并未过于强调这种可能性：某些治疗采用某种方法时会有效，而某些治疗采取另外的方法时会有效，尽管他在论及科胡特时考虑了这点。然而，主要令他感到惋惜的是，每一个流派都过于封闭，乃至于与其他流派没有交流，从而丧失了将治疗进行必要的不断改良的机会。萨迈斯（Summers，2008）也不约而同地谈到了这种不幸的局面，并声称对话将有利于治愈。毫无疑问，权威主义正统或自称保证找到正确答案的情况是存在的。然而，也可能存在这种情况：精神分析师或心理治疗师的疗效依赖于并且需要这样一种信念——坚信一个人在做正确的事，而其他人只不过是误入歧途。如果此言不虚，那么加强流派之间的对话也无法解决库珀所说的困境。众所周知，信仰不同宗教的人之间的讨论极少会导致某个人放弃一套信仰而信奉其他信仰。我们可以变得更加宽容，但是我们几乎难以放弃我们的确定感。这种确定感无疑是库珀所谴责的"正统"。我们更可能在理论应用上而不是在信仰上误入歧途。一种经常让人想到而令人遗憾地从未被认真研究的可能的情况就是，某些理论对具有特定人格的人有吸引力，而某些理论对具有其他人格的人有吸引力。因此，在坎特罗威茨（1995）所说的风格与性格之间的匹配背后，可能隐藏着对某种特定形式的职业操守的承诺。例如，如果人们阅读玛丽·鲁蒂（Mari Ruti，2008）所写的一篇极具说服力的文章，拉康派精神分析师在职业中似乎要求采取特定的哲学视角，而据作者说，这篇文章旨在"向非拉康派的听众解释拉康理论宽广的哲学基础"
（p. 483）。鲁蒂（Ruti, 2008）在一条非常显著的脚注中，区分了
拉康派解构形式的分析与康复形式的分析（"使得一个人可以根据肯
定性的台词来重新书写一个人的历史"，p. 494）。毋需深入分析拉
康派精神分析与（比如说）自体心理学家之间的差异，人们就可以
轻易看出二者各自的魅力。饶有趣味的是，鲁蒂的论文中对拉康的
理论提供支持的绝大多数（但并非全部）参考文献都来自于非临床
领域。

当然，病人流失这个问题远比此处提出的问题更加复杂，因为
有诸如财务困境和地理位置困境等各种外部因素的影响。病人搬家、
遇到财务问题，他们也会结婚、生病以及终止治疗。但是，如果我
们将所有的真实环境因素放置一边，那么很可能看到这样一个简单
事实：某些治疗对某些病人有疗效，而某些治疗对另外的病人有疗
效，而当需要作出改变时，绝大多数分析师和治疗师都无法相应地
改弦更张。当今的多元主义反映了理论和技术流派的狭隘性，它们
妨碍了分析师或治疗师成为其他领域的专家。同时，某个著名的精
神分析培训项目讲授"经典精神分析"，并以提供名为"精神分析的
旁门左道"的课程为荣。在最好的情况下，努力提供此类替代性技
术的精神分析机构和心理治疗培训项目基本上无法确定，病人的病
理学与更可取的治疗之间如何匹配。相反，我们往往将病人与治疗
师进行匹配。尽管此类为匹配所付诸的努力值得敬佩，但是除了在
人格方面进行匹配之外，其他匹配都于事无补，比如说，它就无助
于人际关系治疗师决定，对特定病人采用经典的精神分析抑或是采
用拉康派精神分析。我们照章行事，并经常地做，有时还坚持不懈

地做。有时工作卓有成效，而有时我们流失了病人。

我们无法对每一位病人都进行成功分析或成功治疗，从这个无法避免的前提出发，我们可能都因通过仿效此类会议的做法——以不同的会议主题在所有的医学院对治疗失败展开讨论——而获益。此类会议中的讨论分为两条线：一条致力于主张可以做什么来化失败为成功，另一条则断言，在这方面已经无计可施或无能为力。每一种形式的调查都是有益的。然而，只有当一个人能够琢磨改变并且有能力作出改变的情况下才能获益。遗憾的是，我们绝大多数人都只采用单一的理论和技术的视角，而无法想象或相信能够放弃它而采取另外的视角。忠于我们所做的事情，这当然不应该被谴责，因为它可能会是我们执行力的保证。在我们这个领域，固执己见并非罕见，它有时是必需的甚至值得敬佩的。

有些案例是我们不能失败的，而有些案例是每个人都可能会失败的。然而，在我们的失败案例中，大部分案例如果采用其他方法或许不会失败，不单纯是换另外的分析师或治疗师，而且是采用另外一套理念。正统观念与这种特质可能的效能相结合，就使我们陷入一种似乎无法打破的僵局，除非我们某一天制定单一的和最佳的治疗模式，而当今的多元主义使这种可能性变成可望而不可即的梦想。我们的确以不同的方式做事，我们彼此也不会成长得更加雷同。或许未来最佳的希望就是朝这方面努力：确定特定病人的最佳治疗模式，而无论我们做什么和我们最擅长做什么。

不同的病人不只是要求病人的人格与治疗师的人格相匹配。该要求超越了这种尽管是相当重要但是依然是肤浅的因素，而到达了一个更加基本的（如，理论的）层面。某些特定的病人可能适合采用"主流精神分析"，某些病人适合采用人际关系治疗，某些病人适合采用认知行为治疗，而某些病人适合采用自体心理学。凡此等等，不一而足。正如我们逐渐了解到的那样，某些抗抑郁药物适用于某些病人而不适用于其他人，因而无法预先决定某种药物与另外一种药物疗效的对比结果，这种情况对奠基在心理学方法上的治疗方式也适用。某位精通某个理论方法的专家型执业者能够将他（她）的方法论适用于所有病人，这显然是不正确的。尽管如此，我们依然不断比较单个病人适用的不同方法，并论证哪种方法是最佳的。我们往往猜测，将某位病人转诊给哪位医生才是最理想的选择，但是我们并没有将此类猜测提升到科学解释的水平。我们之所以流失病人，不单纯是因为我们不称职或纯粹是因为时运不济，而且是因为我们在我们所认为的普遍真理中画地为牢。

第 10 章

可分析性与失败

精神分析中一个常见的和几乎得到普遍认可的评价工具就是可分析性的工具。该类别被用来评估人们接受精神分析的能力以及从中获益的能力，对此大家并无异议（Paolino，1981）。它们将心理感受性视为一种重要的资产。这包括如下内容：（a）对思维、感觉与行动彼此之间关系的感知能力；（b）对经验和行为的意义和原因进行学习的能力和意愿；（C）将思维引向一个人自己的精神生活的能力。其他可取的资产包括如下内容：对减缓精神痛苦的渴望，在治疗时段内体验情感的能力，一个人的家人和朋友对精神分析所持的积极态度，没有无法克服的当前危机，不付诸行动的能力，形成和保持治疗关系的能力，病人与分析师之间的良好匹配。一个经常被追加的成分就是对精神分析的需要；或许可分析性的所有要求都是主观的，而最后一个要求或许是主观性最强的：它奠基于成本—效益分析之上，实际上关注一个人是否应该被分析而不是一个人是否能够被分析。

在医学的所有分支中，或许旨在解决问题的全部领域中，通常解决方案的顺序是诊断在前而治疗（如果有可能的话）在后。有时候，治疗变得如此重要乃至于被神化到主宰诊断甚或排除诊断的地步，遗憾的是，这种情况在精神分析实践中是真实存在的。的确，近来一篇题为"为什么我们向某些病人而不向其他人推荐分析性治疗"的论文（Caligor et al., 2009）就直接对抗这种顺序颠倒的情况，并断言所有的病人都必须接受分析，以便决定是否"能识别分析性治疗中基于病人的调节因子"（p. 694）。在缺乏这种调节因子的情况下，除了可能存在的特殊案例之外，似乎没有清楚的指标来供人们挑选和选择替代性治疗方案，从而向某些病人特意地推荐精神分析。因此，每一个人都接受治疗，以便在治疗过程中确定谁会从治疗中获益。

如同精神分析中许多看似确定的原则那样，考察关于可分析性的假设是否有效或许是值得的。此类"理所当然"的观点或许隐藏了那些需要大白于天下的幻想。很多所谓的拯救幻想伴随着自夸，后者带有根本不切实际的自恋成分。"只要没有犯错"，或许可分析性未必能够保证获得积极的结果，因为这样会把对反移情的分析置于不当的枢纽地位。对失败案例的考察可能使我们得以对精神分析抱有更加合理的预期。人们往往很难接受这个概念——无法治疗的病人，或更贴切地说，无法改变的病人。承认错误比承认无能更加令人舒服，其对自恋的伤害也更轻微。

诊断与治疗之间的紧密联系的不确定性可能会导致错配，从而未能获得积极的治疗效果，这应该不足为奇。我们在推荐精神分析时强调可分析性（即病人能够被分析），把它作为最重要的特征，我们可能会得到这样的结果：病人被分析或被成功地分析，但是对舒缓病情并无多大帮助。前一句中的关键词汇是"成功地"，因此人们假设这意味着症状舒缓和其他归结于"成功"的情况。当然，有一则古老的外科行业笑话是这样结尾的："手术成功了，可是病人死了。"在精神分析中，我们要坚持这样的原则：所有的精神分析旨在促进理解，其他任何诸如症状舒缓等结果只不过是副产品。我们时常将可分析性与成功混为一谈，并断言精神分析中的失败其实就是意味着病人是无法分析的。我们绝不能设想，一位病人经过了良好的分析却依然保持不变；也无法经常猜想，在暂时不考虑时间和金钱因素的情况下，一位病人能够被分析却没有被建议去接受分析（即，如果你能够被分析，你就必须被分析）。

病人的确抱着各种各样的目标来接受精神分析的治疗，这包括理解他们自己，舒缓特定的症状，也包括模糊的目标（例如，感到真正的满足）和具体的目标（例如，结婚或离婚）。有时候，可分析的人的特定目标被认为在无需精神分析的情况下就可以实现（这将在随后可治疗性的单独类别中予以考察），但是对那些精神分析的执业者来说，可分析性是最为重要的特征。

如果我们将可分析性与其目标（即，设想有特定的一组可分析的病人，他们的问题不大可能通过精神分析得到解决）分离开来，并且将一组明显可以通过精神分析以外的其他措施予以最佳解决的问题区分开来，那么我们可能会更好地确定何时将精神分析视为一种失败。因此，如果病人是可分析的并且进行了分析，但是没有明确的改变，那么我们可以判断这个案例是失败的。另外，也有这样的案例，只有病人是可分析的情况下才能从精神分析中获益。只要可分析性在精神分析的建议中是决定性因素，此类情况似乎从未发生或极少发生。我们往往不知道何时推荐去进行精神分析。精神分析可能很好地证明了整个精神病学中存在的一个问题——确定应该针对什么样的病症提供什么样的治疗，提供治疗的人可能并没有全部的医疗设备，因此他（她）只提供自己最擅长的治疗。

临床案例

　　关于失败案例的研讨会上展示了这样一个案例：精神分析的操作本身并没有错误，但是病人没有发生改变。这个案例将不会被展示，因为某人很可能会在精神分析的操作中发现某个错误，人们一般会不遗余力地寻找失败案例的错误。然而，研讨会随后的讨论中所提出的每一点基本上都被考察到，研讨会也讨论了主要的议题。案例中似乎存在良好的工作同盟、可以解释的移情和对任何反移情问题的仔细考量。毫无疑问，病人陷入痛苦不堪的心理状态，他尽管接受了许多心理治疗，但是毫无成效。某些听众坚称，病人获得了帮助，尽管病人和分析师都坚信，这明显不是真的。所有提出的旨在证明病人有所改善的观点都遭到反驳——有人提醒说，在病人开始分析之前，情况就是这样的。一旦这个观点站稳脚跟，就有人做了一个简要的转移，坚称假如病人没有接受精神分析的话，他的情况可能会更糟。因此，争议的焦点从改变转换为维持现状，这个转移成了为精神分析提供支持的手段。

　　在考察一个看似失败的案例后，人们可能会断言，这个特定的病人本来就不应该进行精神分析，或这次精神分析被糟糕地或不恰当地予以操作。第一个结论往往但是并非总是与可分析性等同。第二个与能力欠缺有关，是督导或案例讨论中最常见的关注点。单纯操作不当这个第三个选项并没有被考虑。不过，有许多精神分析的变体经过多年的发展，声称比经典的或正统形式的精神分析更为有效，并被当作精神分析的代表被提出。毫不奇怪，在某些人看来，此类源自经典精神分析的变体无疑是离经叛道的，从而仅仅被归入某类心理治疗。因此，失败以另外一种形式获得拯救。如果采取不同的方法，它就不是一个失败的案例。或许经典精神分析师会说，失败不过是反映了一个无法分析的案例，从而将两个类别混为一谈，而倡导替代性方法的人会扩展精神分析的类别，提倡一种被许多人坚称并非真正的精神分析的不同过程。对某些人来说，可分析性与无论什么样的不可避免的改善是密切相关的。

可治疗性

毫无疑问，人们凭借勇气、创造性和毅力等对精神分析做了各种各样的变更和修改。自体心理学、关系分析、人际关系和主体间性分析等，都是从精神分析中衍生出来的治疗方法，并且被它们的倡导者认为具有程度高低不一的普适性和效果。关于此类替代性的或修改的方法的价值，反对者的数量似乎与支持者的数量旗鼓相当。

但是，一种最响亮的反对声音就是，此类方法并不算是真正的精神分析的方法，它们是心理治疗的方法，因而是某种更加次要形式的活动。同样，任何此类所谓替代性的或异常的流派中坚定的拥护者可能持这样的立场：他们的流派所用的才是基本的或名正言顺的方法，而那些偏离他们的立场的流派就成为更次要形式的治疗方法。由于大多数此类替代性方法是精神分析范围扩大所导致的结果，因此对失败进行解释或合理化的风险增加了，最终对失败的解释就是诸如反移情问题和纯粹不称职的糟糕表现。随着越来越多的病人被视为可以治疗的，错误的应用（即不建议的治疗方法）这个类别的空间变得愈发逼仄了。

因此，病人被精神分析的各个流派归入不同的类别。然而，这种立场是不会改变的：一旦某个人通过这种分类被视为可以被恰当地分析的，那么改变或改善自然会接踵而至。

从精神分析转移到心理治疗是一条颇为坎坷的路。对精神分析进行某种特定形式的评估，便是第一步。因此，在工作任务开始时会有这样一个陈述（会表现为多种形式）：这个病人将不会从经典的精神分析方法中获益，而是需要（比如说）主体间性分析。紧接着，可能会考虑性别、分析师的人格、到访的频率和其他参数等。最简洁地说，除非一个案例被恰当地安排，不然它会是一个失败案例，而导致失败的唯一原因就是错误的安排。现在难以对许多不同形式的精神分析作出概括，这包括拉康派精神分析、克莱因派精神分析、科胡特派精神分析以及其他现存的流派。在大多数情况下，各个流派在某些参数（比如说，治疗的频率）的调整上的确存在显著的区别。精神分析本身成为颇为模糊的东西，而某些流派可能会拒绝作出任何像这样的区分。然而，对明显区分精神分析与心理治疗的那些人来说，存在态度的改变——对精神分析存在特定的预期，而对心理治疗存在迥然不同的预期。

在从精神分析的不同流派中衍生出来的心理治疗案例中，或在任何被描述为精神分析或心理动力学治疗中衍生出来的心理治疗案例中，治疗频率以及治疗师的活动往往被认为受到更少的约束。病人可能每周治疗一次或两次，并且往往不采用沙发，那些或许算得上是侵犯界限的行为（即使它们尚未达到令人发指的程度，但是依然令人难以接受）得到允许或鼓励。然而，失败也并非不为人所知。当失败案例在我们的会议上展示为心理治疗的失败案例时，一般会引发不同的反应。

一个被展示的治疗失败案例最初被听众一致认为是适合治疗的。病人每周治疗两次，以端坐姿势接受治疗，按照约定时间参加治疗，也极少流露出反移情的问题迹象。这个案例最初被考虑进行精神分析，但是因为病人被视为无法分析而转至心理治疗。这（可分析性）再一次成为治疗安排中的决定性特征。

尽管随着这个案例继续被展示（随后被许多此类案例记录），心理治疗无效的迹象愈发明显，研讨会的成员也极少对展示案例的治疗师进行批评，或就本应该如何做提供许多建议。在会议室讨论失败的心理治疗时的气氛与讨论收效甚微甚或毫无起色的精神分析失败案例的气氛似乎是不同的。尽管听众依然抱有如下的普遍观念和"希望"：病人的病情的确好转，或如果不进行治疗，病人的病情可能会恶化，但是极少有人对治疗师展开严厉的批评。

责任或责怪的问题似乎从治疗师转向了病人。与对接受精神分

析的病人进行讨论时相比，讨论者更可能将任何给定的病人描述为
"无法治疗"。这种讨论或许给人这样一种总体印象：关于可治疗性
到底是什么，缺乏清晰的规则。与可分析性形成鲜明对比的是，似
乎缺乏关于治疗师的技术的标准，从而使治疗师在干预时有更大的
自由发挥空间，甚至有可能激发治疗师更大的创造性。

评估失败

精神分析中的可分析性与精神分析之外的其他领域的可治疗性
形成鲜明对照。如果一个人符合所提出的精神分析的任何流派的标
准，那么合理的假设就是治疗最终会成功。失败源自过程中出现的
错误。心理治疗领域的可治疗性与此不同，因为它会考虑无效的治
疗过程，不管这个治疗过程如何被恰当地执行。失败源自难以驾驭
的病理，而后者被认为源于病人自身。在精神分析实践中，病人或
许也抵制这个过程，但是这是可以预期并且能够掌控的。在心理治
疗中，病人或许无法从这个过程中获得成功。失败的责任或多或少
由难以驾驭的病理（人们会归咎于病人身上的某种东西）与治疗过
程的局限性共同分摊。病人应当分摊的责任比例会随着特定的治疗
理论而变化。当人们遇到普通精神病学如何处理治疗失败时，这又
几乎具有完全不同的含义。

治疗阻抗

　　普通精神病学中"治疗阻抗"这个概念或许是从语言学挑战开始出现的，因为人们从未确切地知晓，到底是谁或是什么事物在阻抗。当普通精神病学中除了心理动力学心理治疗之外所有的治疗模式都不见成效的时候，人们就似乎开始使用这个短语。不是病人需要对失败负责，而是疾病本身在抵抗治疗。病人绝不会犯错，因为他（她）只不过是疾病的携带者。治疗（通常是药物治疗）有时候见效，有时候无效，只要剂量合适，也不会出错。治疗阻抗符合失败委婉说法的全部要求。潜在的内隐假设就是某些看不见的因素妨碍了有效的治疗对疾病进行处理。我们提到第四章中一篇近期的论文（Brent et al., 2009），它采用首字母缩写TORDIA（青少年难治性抑郁症）来集中关注对药物治疗的阻抗，但是实际上考虑了其他治疗（除了所研究的病人总体中的心理动力学心理治疗之外）。当然，这一个组群的病人决不是阻抗治疗，而是表现为对特定的组群的药物治疗不见疗效。或许对这种缺乏疗效的情况的适当考虑是，概述治疗的局限性而不是病人用他（她）的疾病进行阻抗。

分配责任

当任何特定的治疗未能引发病人产生积极的改变时，人们通常作出的反应就是厘清由谁来承担因失败而导致的责任或指责。在医学中，关于治疗失败的事后会议通常是对治疗中还可以做些什么展开讨论，但是极少有人会被挑出来为那些往往被认为不可避免的结果承担责任。在很多医学情节中，无法治疗性是一个常见特征。在普通精神病学中也常常见到类似情况，医生或许会提供一系列的治疗来确定哪种治疗会起作用。当我们向心理动力学心理治疗靠拢时，治疗师在决定一位给定病人的给定治疗的成败方面成为关键的变量。不过，依然存在这样的空间，通过声称病人根本无法治疗来避免责任或指责。如果精神分析师采用可分析性这个概念，而期望病人的病情得到改善，那么他（她）们无法使用这种避免责任的最后一招。的确，一旦可分析性被允许来确定一位病人合适的治疗过程，那么无法治疗性就没有或几乎没有存在的空间。一旦被置于承担责任的境地，分析师既是脆弱的，又是好高骛远的。他们作茧自缚，坚持治疗失败是由错误导致而非不可避免的结局。我们最好重新考察自恋式的拯救幻想，它支持了这样一种信念：一个可以分析的人必定会有所改善，除非某人做错了某事。

讨论

如果人们把卡利格尔等人（Caligor et al., 2009）所论及的关于为精神分析选择病人的建议（每个人必须接受分析，以便最终识别"基于病人的调节因子"），与精神科医生非常类似的行为（让所有想自杀的病人服用选择性五羟色胺再摄取抑制剂，以便识别难治性病人）相比较，我们似乎会遇到完全相似的情形，它们有点类似于掷骰子并希望得分，用选择性五羟色胺再摄取抑制剂进行治疗肯定比着手进行精神分析更为快捷和便宜，但是没有证据表明药物治疗更加有效（Shedler，2010），至少与心理治疗相比时是如此。有趣的是，从未有人被标识为分析阻抗或心理治疗阻抗，尽管"阻抗"被视为所有的心理治疗措施中的一种常见特征。"治疗阻抗"是一个笼统的术语，涵盖包括认知行为治疗在内的所有此类治疗模式，但是不包括未能使病人得到改善的心理动力学心理治疗。

可以采用一个简化方式对未能通过某种形式的治疗获益的病人进行分类，这包括精神分析无效、动力学心理治疗无效、认知行为治疗无效、药物治疗无效等。每一个这样的类别有它自己的关于成功或失败的参数，但是它们往往在一个类别中进行评估。换言之，如果精神分析对某个人无效，那么他（她）可以自由地尝试其他类型的治疗。大多数精神分析师不会开展药物治疗，而大多数精神药理学家也不会进行精神分析。或许每一个群体都会声称，事情本来就应该是那样。毫无疑问，也存在混合的群体，其中最为显著的就是也进行药物治疗的心理治疗师，以及那些开展心理治疗的精神药理学家。由于混合类别中的治疗师在另外类别中所接受的培训不足，所以大多数此类治疗师的能力有所欠缺。现在人们也无法预测，这些独立形式的治疗是否会进一步分离。因此，当精神分析失败后，自由地寻求其他领域的治疗往往意味着在没有重新定向的情况下偃旗息鼓。这与那些经过所有的药物治疗都不见好转的难治性精神病病人的情形非常类似。

　　如果你乐意，你可以想象有这样一位精神科医生或任何一位心理健康专业人士，他接受了精神分析、认知行为治疗、分析性心理治疗的各种流派、精神病药物学等领域的培训。这位超级精神科医生（我们将这样称呼他）对所有的精神病病人进行评估，以便给他们安排一种最可能获得成功的治疗模式。他也考虑了所有的社会经济因素。这个虚构的人物代表的客观性体现在以下方面：他不会拘泥于这一种或那一种治疗模式；坚信所有与病人形成恰当匹配的治疗都会获得成功；坚信某些病人可能会通过采用许多不同的治疗而得到改善。可能会出现两种形式的失败。第一种是因安排失当而导致的失败——病人本应该进行精神分析，但是对其采取了药物治疗。作为一句离题的话，人们可以考察一种流行的关于所有心理学困境的生物—心理—社会视角（Ghaemi，2010）。这种取向坚称，各种各样的问题都需要考虑，因而从理论上说，每一个事物对每一个人都产生影响。因此，我们可以断言，每一种治疗之所以没有起色，是因为没有考虑到某种因素。每一件事情从遗传学因素到未能提供认知行为治疗等都可以成为导致失败的原因。匹配错误几乎是一个通用的指责。第二种形式的失败就是能力不足的变体，比如说，开具了错误的药物、各式各样的反移情困境等。此处的假设是，虽然选择了正确的方法，但是应用失败了。是否存在第三个类别——某种类似于难治性那样的事物。在这个群体中，合适的治疗被恰当地实施，但是结果仍然失败了。这个问题本身揭示了所有精神病学中尤其精神分析及其所有分支中可能存在的一个根本缺陷。我们拥有一种可能适合某些人而不是其他人的治疗，它可能对某些人而不是其他人有效，因此，令人遗憾的是，不仅因为分析师或治疗师能力不足还因为治疗方式应用不当而浪费了时间和金钱。

因为精神分析师和心理治疗师是治疗的工具，人们无法轻易对分析的成功或失败作出一般的结论。每位分析师都可以作为他（她）自己的成功的准绳。尽管可分析性可以适用于广大的病人，但是精神分析的个别应用没有成功或失败的标准。因此，每次精神分析都可以与药物治疗相类比，一种药物的疗效与类似一组药物的疗效会不同。我们现在知道，即便是在五羟色胺再摄取抑制剂中，某些药物对某些病人有效，而对其他病人无效。针对足够大的人群开展治疗的效果比较可能将此类差异降至最小。除此之外，每位分析师或治疗师都有他（她）自己的成功率，而整个领域高低不齐的成功率构成了平均的成功率。然而，精神分析与动力学心理治疗之间似乎的确存在差异。精神分析有颇为成熟的用来确定可分析性的评价过程，因而成功率的变化源自于精神分析师的差异以及他们个人对治疗程序的运用上的差异。心理治疗的定义更加模糊不清，因为可治疗性被视为一个更加弥散的类别，其界限也更不确定，从而导致成功率变化多端，并使它基本上与治疗师的能力和过程的恰当运用无关。社会为精神病学开辟了一个具有重大意义的领域，我们被引导去改变那些被社会视为异常的情况。精神分析与心理治疗也同样如此。这些领域之间的界限是模糊不清的，其形成也受到我们社会的需要和价值观而不是我们的治疗工作效力的影响。我们最好去对我们所作所为的原因、时机和目的进行反思。

第 11 章

精神分析是如何失败的?

　　任何治疗举措都必须经过一系列试错才能显示其是否有效。它同样必须经历许多失败后才能看出它特定的适用范围。当弗洛伊德向世人介绍精神分析时，它专门用于治疗神经官能症，它在一定范围内有效的理论奠基在如下基础之上：对神经病的心理病理学的性质的解释以及对精神分析如何纠正或舒缓了此类障碍所作的解释。多年来，精神分析的技术不断得到扩展（Wallerstein，1986），并被认为适用于治疗多种心理疾病，这包括精神病（Ogden，1982）、边缘人格病理（Kernberg，1975）、自恋人格障碍（Kohut，1971）、行为障碍（Goldberg，2000）等，以及（或许是不明智地）适用于可能从中获益的任何一个人。某些被推荐的应用的确包含技术上的修改（Kohut，1971），但是很多人坚持采用那些被视为经典的和不可改变的技术。所提议的修改并非得到普遍接受，因此，不同的流派相互共存，也受不同的理论方法支持。不足为奇的是，一种技术方法的失败很容易被归咎于治疗师不会灵活地对这种或那种技术进行修改。所谓的精神分析流派之间并没有就彼此的疗效和局限进行自由交流和分享，而是彼此刻意地进一步分化。因此，任何治疗上的失败不仅应该在一套思维体系内部进行判断，而且应该在与其他流派进行的比较中来判断，至于治疗在采用一种不同的方法后是否也被视为失败这个问题，应该是该研究的一部分。绝大多数失败并非是以这种方式来考察的。然而，当我们追问可以采取什么样的措施来将失败变为成功时，这种更加综合的考察或许就是最低要求。这项举措使我们更少去关注责备和错误，而是更多地关注可以采取什么其他措施这个问题。

意外事件

因为精神分析的日常实践需要花费相当长的时间，所以很多预期到的和意想不到的事件更可能在这个时期发生。某些此类事件可能被视为积极事件，而某些则可能被视为消极事件，但是它们极可能影响治疗的进度。毫无疑问，很多诸如结婚、工作晋升，或搬迁到另一个城市那样的积极事件，可能会使治疗发生重大变化，甚至被认为这是治疗有价值的一种迹象。然而，诸如生病、失业、搬迁至另一个城市那样的其他事件会对治疗产生消极影响，甚至能被认为是它们导致了治疗失败。并非所有的此类事件都具有戏剧性，某些事件颇为微妙，但是具有重大影响。总之，难以确定动态系统——顾名思义，即必然是不稳定的和不断变化的系统——的成功或失败。

关于失败案例的研究必须考虑如下方面：最初的病理；为该病

理选择正确的或错误的特定的治疗模式；正确地或错误地实施所选择的治疗模式；外部的可能会影响治疗的各种干扰因素或支持因素。精神分析像很多治疗那样，总是瞄准不断移动的目标进行射击，而不是轻轻松松地采用一种一成不变的模式来治疗一种确定的障碍。

定义

"失败"这个概念意味着使用某种常模量表对每位病人进行评估和定位。这种量表往往来自于某种完美的或最佳的健康理论，该理论也通常是完全自证的，为了达到特定的目标需要的一个过程。这个过程也许是一个正常发展的过程，也许是一个治疗的过程。我们根据常模量表来评估和定位病人。

精神分析的理论并非铁板一块。某些理论旨在使人们察觉到无意识的内容，某些理论旨在努力舒缓症状，某些理论试图巩固脆弱的自体或增强虚弱的自我，某些理论旨在帮助人们建立有意义的关系，甚至某些理论试图做上述所有的工作，或做上述工作之外的其他工作。一个规范性的计划可能是公开宣布或深藏不露的，但是变化或运动必须有可识别的标志，失败要么是缺乏变化，要么是偏离了理想的轨道。因为理论的多样性和相应的常模量表的多样性，改善和失败对某些治疗来说意味着一回事，而对其他治疗来说又意味着迥然不同的事情。当任何人坚称我们分析的目标并非是舒缓症状，而是获得洞见，那么他（她）的心目中有自己获取成功的路线图。毫无疑问，洞见可能会与舒缓症状相互吻合，但是这并非采用常模量表获得的结果。因此，成功或失败的标签隐藏了多重含义。

既然有了常模量表，那么就可以根据它来推断什么是病理。我们在此发现了文化常模与主观的或非常个人化的常模混为一体的情况。当同性恋被认为是病态时，这两种评估方式存在显著的不平衡。当同性恋被宣称是正常的（连同接踵而至的例外情况和防止误解的说明），文化常模和个人常模合二为一了。与此形成鲜明对照的是，许多诸如抑郁症和精神分裂症那样的疾病被普遍视为病态。然而，我们从精神病学界努力推出《美国精神障碍诊断与统计手册（第五版）》（美国精神病学会）的过程中看出，现在许多诸如路怒、强迫性购物等综合征为了在精神病理领域赢得一个合法席位而相互竞争。

仅仅去关注洞见这个立场的优势在于，它几乎完全绕过了病理：怀着获得洞见这个整体目标的每一个人都能够和必须被分析，而毋需过于担心诊断类别。当然，关于什么算作病理，存在着非常清楚的考量。这在可分析性和不可分析性的类别中得到体现，而一个类别被专门用于那些病情过于严重乃至于精神分析对他们无济于事的病人。一直以来，许多作者对变化（即治愈）的核心载体的模糊性进行了阐释。

雅克·拉康尽管采用很多独特的词汇或术语，但是他对他所说的"治愈"这个观念是相当清楚的。芬克（Fink，1997）声称，拉康坚持"精神分析的目标，如同拉康在二十世纪五十年代早期所建构的那样，是洞穿那个把象征维度遮蔽了的想象维度，并直接面对精神分析对象与大他者的关系"(p. 35)。芬克后来说，象征维度"是唯一能够治愈疾病的维度"。象征关系据说是人们与理想人物相处的方式，而理想人物是被他们的父母和广阔的社会反复灌输而成的，因此拉康认为，精神分析的目标是澄清和修改精神分析对象的象征关系。

又据芬克（1997）的观点，在拉康的后期著作中，精神分析的目标被修改，以至于一个人从未摆脱"大他者"的影响，而是一个人重构他（她）自己。因此，这个目标允许人们获得因抑制欲望而带来的满足感（Fink，1997，p. 210）。据桑多尔·费伦齐（Sandor Ferenczi）所作的阐释，这似乎将精神分析的结束等同于接受或放弃的状态。

海因茨·科胡特在《精神分析治愈之道》一书中进一步澄清了这个问题。他向我们解释他这本书的书名的由来，由此我们推测，失败的本质就是治愈的结果（即结构建立）明显没有发生。科胡特所说的治愈这个概念的重要成分与心理结构的建立有关，它本身是一个理论建构，是稳定的自体结构的形成。当然，这种成就不容易被测量，但是，有个窗口（指病人的状态是否发生改变。——译者注）供我们评估这种结构是否存在，甚或最终对心理结构进行量化，从而确定那个实体变化的水平（Grande et al.，2009）。这个评估与所提供的洞见（指对无意识的察觉或理解）不同，每一个指标都可能是成功的恰当指标，并且两者都可能出现。

波士顿变化过程研究小组（BCPSG；参见Nahum，2002）似乎将变化和治愈的整个过程颠倒过来。在他们看来，由"意图单元"

构成的治疗互动是共同创造出来的，是非象征性地呈现出来的，未必是诠释的结果。受发展性的"关系"命令影响的治疗互动允许通过不同的和同样有效的路径来最终实现治疗的目标（BCPSG，2008）。各种形式的谈话似乎会导致某人"好转"，而毋需借助任何特定的操作性概念。尽管改善在回顾时被解释为一项发展性成就，但是它似乎有某些神秘的成分。相比之下，失败似乎更少地具有神秘色彩，因为病人明显没有好转，而他（她）的洞见或心理结构也未见增加或减少。

依恋理论、人际关系理论、关系理论，以及许多其他类别的宣称是精神分析的变体的治疗干预，都以不同的方式来对病理的本质和治愈进行概念性阐述。在大多数情况下，它们并未把洞见和解除压抑视为精神分析治愈的必要条件，也不像波士顿变化过程研究小组那样巧妙地处理整个概念。我们将在第十一章详细谈论这个话题。我们似乎面临这样的两难困境：拥护不同的理论的不同群体宣称，他们的所作所为使人们变得更好和（或）促进了改变，并且此类变化是有益的。此类群体集中关注的大多数病理产生于最佳发展的失败之上，而这种失败是可以由该群体倡导的特定治疗活动予以修复或纠正。要么一个给定的发展性障碍能够通过各式各样的手段予以纠正或治愈，要么不同的发展性障碍要求采用特殊形式的治疗，这个事实就导致了一个两难困境。在第一种情况下，任何措施都会起作用。在第二种情况下，每个问题都必须与一个或多个特殊的治疗模式相匹配。依恋理论接近于发掘出一个特定的发展性问题，但是据说所有的治疗都对此类特定的问题有效。然而，所有的或绝大部分理论都会发掘出某种最适合采用它们的治疗来处理的发展性障碍。

一方面似乎任何措施都有效，另一方面特定障碍似乎需要特定的治疗。大多数分析性治疗声称，它们的所作所为代替了和弥补了人们在童年时期没有恰当处理的事情，或者舒缓了童年时期导致的发展性障碍的症状。然而，这可能无法适用于经典的诠释立场，因为后者认为这无疑并非是正常发展的必要组成部分。的确，这似乎与吉特尔森所坚持的立场相呼应：精神分析只需要帮助精神分析对象增加理解，而像症状舒缓之类的其他任何事情顶多被视为副产品。

通过多种方式评估所得出的"治愈"或"失败"的结论，似乎明显依赖于根据病理量表或健康量表得分所作的初步评估。如果一个人想察觉自己无意识的内容，那么任何能够被分析的人都具有这种资格。如果一个人想舒缓症状，那么他需要采用一套新的标准。结构建立和象征关系的修改等治疗目标也是如此。尽管不排除这样一种可能的结论：一个人可能会成功地进行一次满足所有的理论和量表要求的精神分析，而不管它们采取什么样的预设。但是更可能的结论或许是，某种形式的精神分析工作可能自己会获得成功，却根本无法满足另一种不同形式的精神分析的要求。我们的理论似乎各自为政，这不足为奇。

让我们转到凯文的案例。

案例

凯文是早前案例展示中的一位年轻的专业人士，他因为自己无法摆脱易装癖这种欲望而开始接受精神分析。他对这个症状感到颇为苦恼，根据他的记忆，早在十几岁时他就有这个症状。他是一个热心肠的人，也配合精神分析师的工作，准时赴约接受精神分析，并且对他的分析工作所取得的效果感到满意。随着时间流逝，他对易装癖的苦恼显著减少，他开始认真地与一位对他的易装癖颇为包容的女士发展异性恋关系，并且打算搬迁到另一座城市。他的分析师觉得，对凯文的精神分析在大多数方面都获得了成功，但并非最初所有的症状都得到改善。凯文搬走了，随后他写信给他的分析师告知他的现状，尤其是关于他指导和组织一个易装癖团体这个新的尝试。他宣称，在他的新生活中，精神分析对他来说具有不可估量的价值，并感谢分析师为他提供治疗。

展示这个片断主要是为了考虑这个问题：评估这种治疗是成功抑或是失败的？当然，有人或许需要关于治疗的操作和内容的更详实的信息，以便对一系列其他需要考虑的事情作出判断，但是如果仅限于这个单独的问题，那么难题就凸显出来了。某位病人对治疗结果感到满意，但是他最初的主诉没有改变，其症候学也没有变化。在某些人看来，这是一种治愈，而在另外一些人看来，这听起来像一种失败。的确，按照某些理论方法的标准，这算是一种成功，而按照其他标准，这算是失败。

凯文的分析师觉得，该精神分析是一个失败的案例，因为病人的易装癖症状丝毫没有改变。然而，当这个案例被展示给一群分析师时，大多数分析师都认为这是一个成功的案例。病人清楚感受到，他自己成为团体中的一员，能够决定如何使用一个词，因此他也同意那些人的观点，也觉得这是一个成功。如果某些测量标准能够被所有人接受并得到实践检验的话，那么此类差异似乎可以得到解决（Rudolf et al., 2002）。有人朝这个方向作出了努力，认为在评估治疗是成功抑或是失败时，结构变化是一个关键维度，而据说结构变化是可以测量的，因而成为决策的关键标准。一个测量这种变化的方法就是通过病人对他（她）自己作回顾性评价（Grande et al., 2009）。凯文觉得他可以重新看待自己，并且该分析具有持续的效果。尽管他的分析师持有的观点与他不同，但是或许会同意这是一种有条件的或局部的成功。然而，这个问题尚未得到解决。

原因

当人们就什么是成功达成某种共识之后，关于失败的原因的问题就接踵而至了。因此，一个失败的案例就是一个缺乏必要组成部分的案例。这个必要组成部分往往被用概念表述为"心理结构"，并被认为是精神分析或治疗过程的产物。随着治疗过程逐渐展开——

从治疗同盟的形成，到建立稳定的移情，再到终止阶段的贯穿时期——我们应该能够考察到这种心理结构是存在的还是缺失的。根据其他理论方法发生的变化能够用每一种方法的词汇来进行解释，此类词汇并非可以相互交换。就失败而言，需要回答的最重要的问题就是关于原因的问题。当然，"原因"这个观念本身就预设了某些不好的事情或必定产生影响的事情。

案例

伊丽莎白在她丈夫过世后前来接受第二次精神分析，她和他结婚三十年了。在她为了成为一名精神科医生而接受培训时，她接受了第一次精神分析，而这次分析在她所描述的生活中似乎无足轻重。她之所以来寻求治疗，主要是因为她在她的幸福婚姻不复存在时体验到的哀伤。

她坚持重新接受精神分析，每周进行四次，并且躺在沙发上进行。治疗的大部分内容是关于她所嫁的男人有多么好，而她永远也找不到一个可以取代他位置的人。她梦到自己坐在剧院里观看演出，而她旁边有一个空位。她发现一群有类似心态的寡妇，一起哀叹她们的丧失，并一致决定她们的丧失是永远无法弥补的。任何关于她沉迷于过去的暗示，她都会以愤怒相对，从而捍卫她的这种状态。

　　分析师认为，她对亡故的丈夫的哀悼持续了好几年，这是她对关于抑郁的其他重要方面的探索的阻抗，但是任何诠释似乎都对她不起作用。伊丽莎白很容易对她的分析师动怒，但是这似乎基本上无济于事——既不能为她提供宽慰，也不能开辟其他探究的渠道。所有推荐的旨在促进和解决哀悼过程的治疗措施都徒劳无功。此后一年左右，伊丽莎白决定放弃治疗，并明确表示她的状态没有任何改善。

　　伊丽莎白的分析师觉得，尝试的分析是失败的。他最初将失败归咎于病人的不可分析性，她无法建立治疗同盟和产生可行的移情。不过，他对此并不确信。或许他自己无法向他的病人提供所需的帮助来实现那些假设的状态，那些人人都说的对成功的精神分析来说不可或缺的状态。他的确常常觉得，伊丽莎白应该可以战胜哀伤，但是他从未将这个想法告诉她。当然，她不可能凭空感受到治疗师的这种态度。当她因为他没有为她提供更多帮助而对他发火时，他觉得这实际上是她在对丈夫离她而去感到愤怒，但是她没有听到过这样的解释。或许另外一位共情能力更强的分析师能够更加敏感，并能够提供更有说服力的解释。然而，每一次失败后都会有这种事后评论，并且似乎无法解决。分析师甚至会想象出一条出路，蛮有把握地断言，由于有人聆听她的倾诉并使她得以表达她对丈夫的感情，因此她实际上从这种治疗中获益。然而，分析师觉得这只不过是扭曲的现实罢了。伊丽莎白的症状没有好转，这是一个事实而非一个观点。

　　凯文和伊丽莎白的案例触及了我们努力去回答的最初的问题——一个案例是否算得上失败，是什么因素导致了失败。下面一个案例强调了另外的问题——谁应该对失败负责，案例是否有其他结果。

案例

　　琳达（Linda）是一位践行心理治疗的社会工作者，嫁给了一位家底殷实的房地产经纪商。她极少从事心理治疗，而她丈夫允许她大手大脚地购物。她找了一位著名的分析师进行精神分析，并且在向他人说明和承认他的声望时丝毫不感到困惑。她的婚姻不幸，她对追求强迫性购物乐此不疲。分析师认为，这两者是有关联的，但是这种特殊的行为障碍很快被标识为成瘾，并以她所认为的分析师的道德说教和惩戒的态度来进行治疗。遗憾的是，这种方法并未使她丝毫减少强迫性购物行为。另一方面，她的婚姻以更加有治疗意味的方式被处理，从而导致她与丈夫尝试分居和最终离婚。

　　琳达与另外一位有类似的严重购物成瘾的女士成为朋友，而后者采用一种与琳达的分析性治疗迥然不同的方法来治疗购物成瘾，并使自己最终明显地停止购物。琳达与她的分析师接洽，询问为什么他的技术似乎没有发挥作用，并询问他是否熟悉并愿意尝试另外一种技术。他既拒绝了这种技术，也排除了改变他自己方法的可能性，琳达继续找他进行精神分析，并继续强迫性地购物。

　　读到这段短文的任何人无疑会对这个案例所提出的话题提出各种各样的问题。然而，要点不是在于提供案例来进行讨论，而是提供这样一种可能性：某些案例之所以会失败（琳达的购物成瘾被认为是未能得到治愈），是因为治疗师或分析师不愿意或无法尝试不同的方法。有时候，这是由于治疗师或分析师主张对治疗采取"坚持到底"的原则，而无论这种治疗看起来多么毫无价值；有时候，这是由于他（她）未能使用不同的技术方法。后一种情况往往是由我们思维流派的封闭性所导致的。

讨论

在失败阵容的连续统中，一种极值情况是认为每个失败的精神分析案例都是独一无二的，而与之相对立的情况则是坚持认为，它们都是由一个单一的和普遍的错误所导致的。后一种情况有点类似于由移情或反移情的问题所导致的失败。前一种情况简直使对话无以为继。

另一条研究路线建构了一系列病理学理论，这包括任何类别的治疗都无济于事的病理学，到任何事物都起作用的病理学。前一种病理学依然有望作出进一步的研究和创新，而后一种病理学往往会降低人们的偏爱倾向。这个连续统的确引发人们去努力形成特定类型的病理学，而后者对特定的治疗干预技术起反应。这种方向与精神病学的分化形成鲜明对比，而后者奠基在现象学之上，并且未必与治疗扯得上任何关系。

据《明尼阿波利斯星坛报》(*Minneapolis Star Tribune*，2009）近期的一篇报道，五十四家参与调查的诊所的"治疗抑郁症的成功率"

是：病人在经过为期六个月的治疗后，被认为症状得到舒缓的病人的比率"只有百分之四"。面对病情改善的成功率如此之低的局面，通常的应对措施就是尝试其他药物治疗，增加药物的剂量，或追加认知行为治疗。精神分析或心理动力学的心理治疗一般不会被考虑，这表面上是因为成本和时间这两个因素，可是实际上是因为报告群体缺乏训练。未能为特定的病人确定更加明确的最佳治疗，这在某种程度上是治疗师团体普遍的状态。在实操中，精神分析师和精神病药物学家往往对替代性方案视而不见。

理想的情况是，我们旨在将病理与治疗相匹配。如果能够实现这个目标，那么对失败进行仔细评估这个项目便可以有利地启动。遗憾的是，我们往往带着假设的理想状况开展工作，并随后根据这个假设来展开批判。因此，我们搜寻共情失败或反移情问题，仿佛它们具有普遍的适用性，而实际上它们可能基本上是不相关的。

很多（即使不是大多数）精神分析失败的案例可能是因分析师犯错而导致的。此类错误包括如下内容：未能创造治疗同盟或工作同盟；未能形成可行的移情；反移情问题；对病人的诸多误解等。然而，我们必须在这个失败清单上面添加来自如下方面的失败：对失败这个概念的定义缺乏清晰的认识；缺乏关于可治疗性的诊断评价；缺乏关于替代性技术方法的知识。

接下来，我们需要更好地确定，对那些我们再努力也无济于事的心理疾病应当抱有什么样的期望。不断扩大的精神分析的范围肯定有其限度。对我们的局限性的察觉，会最终导致我们需要熟悉其他理论或技术所能提供的帮助。随便翻翻当今的精神病学杂志，我们很快就会发现，为（比如说）抑郁症提供的各种各样的治疗，一般会遗漏心理动力学心理治疗（Brent et al.，2009）。同样地，我们的精神分析杂志描述的治疗一般是有限的和孤立的治疗，而往往不承认认知行为治疗或药物治疗。我们再一次需要意识到，某些障碍对各种各样的干预都有反应，而某些障碍只对非常特殊的治疗模式起反应。我们需要清楚这二者之间的区别。

尾注

语言哲学中有两个相互对立的流派（Wanderer，2005）。第一个流派主张语言的核心特征就是对事物进行表征的能力；第二个流派则认为，最好将语言视为一套社会实践，为了理解语言如何运作，我们必须关注句子的用法以及它们被使用时所处的环境。就我们努力用概念来阐释失败而言，我们必须认识到，失败从那些决定究竟如何使用它的特定群体中获得自身的意义。除非有商定的评价标准或更贴切地说，除非有常模量表这样的背景，否则，失败无法清楚地成为一个事实或一个真理。只有根据这个基准——这一套社会实践，我们才能推导出关于成功或失败的结论。无疑，有时候大家对此类词汇几乎持一致观点，但是在其他时候，那些制定此类词汇用法的群体可能连他们自己都无法就一个合适的定义达成一致意见。

第 12 章

我与麦克斯：目标的分歧[1]

1　本章原先在《精神分析季刊》上发表，被许可转载。

很多参考文献都指出，无论是心理治疗还是精神分析，都需要清晰地和明确地决定治疗的目标。随着时间的流逝，每一位治疗师都在努力思考，如何为某个特定的病人设定恰当的治疗目标（即，一个人是否有一个限定的目标，或者，是否每一位病人都有一个普适性的目标？）。一个司空见惯的和或许令人遗憾的现状就是，病人的目标与治疗师的目标往往不相匹配。我们在第十一章关于易装癖病人凯文的案例中就指出了这点。但是，每一个案例中都几乎会出现这种情况，这或许反映了一种往往没有被意识到的理论偏差。

麦克斯

在我漫长的作为精神分析师候选人的生涯中，一段刻骨铭心的记忆就是在麦克斯·吉特尔森主持的案例会议上发生的一件事。麦克斯是一位有点反复无常和威严的男士，颇为古板，很容易被人直白地描述为一个固执己见的人。就我记忆所及，当一个学生声称他和（或）他的病人的希望（和目标）就是病人很快就能感觉更好时，一个对我来说具有特殊意义的事情发生了。麦克斯宣称（而不是提出）他的意见是，精神分析的目标并非使人们感觉更好或舒缓症状；毋宁是，精神分析的目标是使病人更好地理解他们自己。舒缓症状是这种理解所带来的意外的副产品，但是这绝非精神分析的目标。任何精神分析师也不得追求那种本质上是次要的成就。

麦克斯将舒缓症状斥之为"呸，鬼扯"，而我内心也将他的此类评估斥为"呸！胡扯"，因为我坚信，在我所知道的接受精神分析的人中，几乎所有的人都希望自己感觉更好。假使自我理解是必须达成的目标，那么我能够并且会接受这个"药方"或者那么这个"药方"的疗效应该是持久的，但是我个人几乎不可能把它作为首要目标。似乎显而易见的是，一个人的目标并非恰好是或必然是另外一个人的目标。与其说存在放诸四海而皆准的目标，毋宁说，病人的目标、分析师的目标和精神分析这个领域的目标都可能分别属于各自关心的领域。它们未必是相互对立的，但是，它们一定不会也无法被还原为具有完全相同的意义和重要性的目标。

由于我渴望成为一个好学生，并且我几乎被麦克斯吓倒了，所以我在较长一段时间内都将他的这个奇特的目标当作我自己的目标。我定期和往往惊奇地发现，我自己在不断说甚至相信这样的话：精神分析的目标就是自我理解，当我的病人指出我对他们的心理痛苦并无多大助益时尤为如此。我很快认识到采取这种立场给我带来的舒适感，因为它使我将自己看作这样一种人：追求一种变异的"真理"这种更高贵的事业，而不是勉强接受单纯的舒服和症状舒缓这种次要的目标。此外，精神分析师将舒缓症状视为精神分析快乐的（即便是次要的）副产品，这使分析师获得了一种个人的快感，并且免除了满足其他人（病人）的愿望这种累赘。就这样，我发现自己与我设想的这个领域中更加高尚的目标结盟，而不是与个别病人的目标达成一致。这样做尽管自私，但是安全。

我们肯定会迟早意识到，关注我们到底要实现什么样的恰当目标，或关注我们到底要拥护什么样的学科，这基本上是一个道德议题。对做得好的追求很快变为做正确的事情，因此，有时我们会面临这样的冲突：既要使病人感觉更好，又要满足弗洛伊德（1933）的格言"本我所在之处，自我也应到场"（p. 80）。除非格言的满足使病人获得了相同程度的满足感，否则，我们无法将后者还原为前者的副产品。根据这种道德立场，舒缓症状和病人的幸福成为目标，而自我理解这个目标紧随其后。当然，如果此类两个或三个目标总是出现并融合在一起，那么我们可以消除这个问题。但是我们一般会面临如下困境：接受精神分析的病人声称他们并未感觉更好，而那些对自己的心理状况几乎浑然不觉的人却感到快乐。我对麦克斯的上述观点的忠诚程度遇到了严重的挑战。

查尔斯

我的另一段不太刻骨铭心的记忆，来自于一位叫查尔斯·克里格曼（Charles Kligerman）的老师。他或许同样是一个固执己见的人，但是他决不是一个反复无常的人。他经常会说，接受了精神分析的人与没有接受精神分析的人就是不一样。他在这样说的时候，往往传递这样一种感觉和信息：接受过精神分析的人属于一个人会限制非常严格的俱乐部，而一个人最好只在这个俱乐部内交朋结友，当然还有物色配偶。姑且撇开这种极具诱惑力的精英主义不谈，克里格曼的立场清楚地表明，精神分析对接受精神分析的人产生了持久性的作用，它不单是解除了某人的精神痛苦，因为后者的这种属性本身不会使接受了精神分析的人成为这种高档俱乐部的成员。因此，精神分析的目标涉及使病人发生某种重大变化，该变化超越了舒缓症状，或超越了理解这种昙花一现的状态。精神分析使一个人变成了一个不同的人，至少对某些人来说，变成了一个更好的人。

不知怎么的，目标开始变得更加明确起来，尽管其并非按我和麦克斯所希望的方式发生变化。它们并非单一的，因为它们必须满足多重需要。与我的导师最初提出的有点狭隘的目标相比，最显著的变化就是，变化并非局限于病人，而是似乎也延伸至分析师。那也就是说，精神分析的执业者之所以与众不同，一方面是因为他们进行个人分析，另一方面是因为他们在从事塑造特殊的人这种颇为高尚的事业。将我的两位导师的观点结合在一起，可能会让人嗅到一股浓厚的精英主义和孤芳自赏的味道。

　　这给我带来的挑战就是，如何将如下三重目标调和起来或在某种程度上统一起来：自我理解、症状舒缓、持久或相对持久的变化或价值的提升。这三种目标中的每一种目标都似乎至关重要，并且似乎都与其他目标相互关联。因此，关注这一个或那一个目标，必定会包含某种会导致其他目标的成分。这三种目标应该是包罗万象的，这包括更幸福的婚姻和更满意的性生活等，而绝不会否认治疗所附带的多种益处。我们现在对它们逐一进行考察。

自我理解

　　人们假设，自我（ego）的掌控和日积月累的关于无意识的洞见一起构成了现有的知识，从而使一个人能够以不同方式来理解一个人的自体（self）。这种差异可能表现为对自己历史的叙事，或者在其他场合，局限于重新讲述一个更受关注的事件，比如说，讲述一个特定的创伤事件。病人的确采取不同的方式对他们的精神分析进行回顾。无论一个人如何坚称精神分析是参与者从事叙事的一种活动（Schafer，1992）或恢复记忆的一种活动（Fonagy，1999），这些活动与其被视为根本的目标，不如被更恰当地视为某种"形式"的程序。几乎没有疑问的是，某些病人喜欢讲述他们的生命故事，某些病人希望关注此时此刻，而鲜少提及个人历史，某些病人特别执着于阐述那些幸福的回忆。这种个人偏好一般被视为与分析师的偏好相匹配，这提醒我们注意，为精神分析确定这种特定形式的目标，这样做的价值有时候会体现在这个过程的本质之外。

让我们一起来看看下面这个案例。

案例

一位年轻的男性职业人接受精神分析，宣称是为了结婚这个明确的目标。他声称有许多发展到谈婚论嫁的阶段的恋情，但实际上顶多就是与其中某位女性一起生活过几个月。这也主要由于他对同居者的不满乃至厌恶，从而使他一点儿也不希望与她继续同居下去。然而，他坚称他渴望与合适的女性结婚，并指望精神分析能够帮助他实现这个梦想。

我将不会对这次精神分析进行赘述，除了说他最终在某个时段结婚了，不过那时他早就不把结婚视为精神分析中对他来说是生活中重要的事。他恢复的记忆似乎少之又少，正如亚历山大（Alexander）（1940/1964）很久之前提出的那样，此类记忆验证性的成分高于揭示的成分。我认为这位病人和我将会被催促去详细讲述他新版本的生活故事。的确，他的大部分精神分析都与他的父亲相关，并且毫不奇怪地，都集中于那些反映了这种情况的移情的细节上。

在分析结束时，病人看待自己的方式无疑发生了变化。几乎他生活中任何有问题的事情，从给他母亲打电话到在明显充满前景的股票上投资亏本，都会导致他自我反省。他的精神生活由如下两部分构成：第一部分是比较轻松的事情，涉及与他人的关系和事件，第二部分是对那些代表着冲突或困境的任何事情进行的自我反省。（没有必要强调，这种区分并非适用于每个人，因为我们当中许多人一般是无忧无虑的，而其他人则似乎整天忧心忡忡）。我的病人经常对日常生活的难题进行回顾和反思，其方式和方法类似于精神分析的方式和方法，只不过是其简化版而已。

我认为可以有把握地断言，这种分析所促进的自我理解，是我和病人这两个人的人格的产物，它可以用各色各样的理论词汇来描述。我讲说特定的语言，而我的病人随着时间的流逝创造他自己的语言，这个过程不得被仅仅视为给人洗脑。在精神分析中，他往往以这样的开场白来对自己进行思考："我知道你会说……"我认为这既是一种认同，也是一种区分。的确，人们可以这样说，我的病人刚开始时是理解我，进而理解他自己。我认为这个特征是不可或缺的：移情的逐渐消解应该随着时间的流逝向病人透露分析师的为人和思想。

这个所期望的顺序的最大障碍往往是不明智的或不必要的"分析师的自我透露"。我们可以根据一幅指导路线或地图来发现这个世界或任何世界到底像什么样子，但是这个世界不会等同于它的复写的副本。这次精神分析结束后，我们两个人都发生了改变，然而依然是两个大相径庭的人。病人表现出的一个突出特征就是，他发现重新找到了对生活中跌宕起伏的情况进行冥思苦想的能力（即，他的个人形式的自我反省）。

症状舒缓

　　另一位病人在接受为期一年的精神分析后向我报告，她感觉比一年前好多了，但是无论如何也说不出她的精神分析取得了什么样的成果。心理治疗、精神药理学治疗甚至日常生活中发生的普通事件往往给人带来"感觉更好"这种快乐的体验。尽管每一件事情，比如说晚上睡得很好和乐透彩票中奖等，都能够引发这种自我报告的满足感，但是似乎只有寥寥几人能够维持这种可取的结果。毫无疑问，通过上述的自体分析或自我反省形式不断进行的一定数量的保养工作，对维持这种"感觉更好"的感受来说是不可或缺的，但是，这并非事物的全貌。正如我可能会对我的一位或多位就自体分析结束后的自我分析进行研究和著述（Robbins & Schlessinger，1983）的老师表示赞许一样，我将我自己所获得的关于精神分析所带来的更加持久的具有改良效果的知识归功于科胡特。

　　有人强调在治疗性分析之后进行自体分析的作用，而科胡特的观点往往与他们的相左。他认为，建立与自体客体有意义的关系或启动人与人之间的共情联结是精神分析治愈的根基所在（Kohut，

1984）。因此，我们不需要担心自体分析的工作，除了在此类共情联结中出现干扰性中断的情况之外。自体客体的可利用性和运用，对生活中的种种遭遇来说是不可或缺的，而心理健康等同于这种双重能力。因此，科胡特认为，自体分析与其说表明了不断维持精神分析的益处，不如说表明了精神分析尚不完善。如果一个人已经确立牢固的和持久的自体整合的感觉，那么很少有机会需要通过自我反省的工作来修复破裂的共情联结。

我一般倾向于将自体整合和自我反省这两个问题结合起来，因为我决不是完美无缺的，而我的大多数病人都会定期进行自我反省。在我经手的案例中，没有哪一位病人能够凭一己之力达到孜孜以求的不断维持自体客体这种理想状态。虽然这是个人成就的一个可取的目标，但是这种理想状态往往同样是可望而不可即的。对某些病人来说，它完全是镜花水月，而对其他病人来说，自我反省也是凤毛麟角。我病人的混杂的目标再次反映了两个复杂的实体之间错综复杂的互动情况：病人与分析师，以及所说的治愈的两个要素——自体整合与自我反省。病人报告她在经过一年的治疗后感觉更好，她无疑建立了必要的共情联结，从而使得她对她的自体客体有牢固的自体整合感。但是，它会持久不衰吗？

持久的价值

更好的感觉所具有的持久价值是所谓的"心理结构"的根本变化所导致的结果。虽然这可以通过各式各样的方法来描述和发展，但是它强调了一种谈论一个人的长期稳定性的方式。这种稳定性可能被视为能够促进自我反省和症状舒缓。虽然它似乎是无形的甚至是累赘的，但是为了理论上论述的方便，我们采用它来描述与精神分析的目标相关的改善。

据说，心理结构的成长或增加往往等同于正常发展的普通过程。然而，将它视为与发展相类似的过程会更为恰当。正常的人与接受精神分析的人是不同的。与一个人的自体客体建立稳定的联结感，像洞察一个人的无意识内容那样，是无法轻易地与一个正常的儿童发展过程相提并论的。对前者——建立持久的联结来说，发展中自体客体关系的缓和情况在接受分析的成年病人中很罕见，此类病人顶多是能够谨慎地和仔细地选择特定的他者来建立联系。对后者——了解一个人的无意识内容来说，正是压抑的失败才向一个成人揭示了其无意识的内容，如果他（她）的欲望被中和或升华的话，那么他（她）是最成功的。此类非神经症病人宣称的并非洞见，而是无知。

但是，任何精神分析的理论都能够被用来区分和描述，接受精神分析的人与没有接受分析但并非神经症病人的人是不同的，并且所有的此类理论都最终指出了这两者之间存在的某种关键的区别。

简而言之，精神分析使接受分析的人"增添"了什么东西，而这种增添的东西，不管人们如何称呼它，它都成为一个持久的和与众不同的特征。用时髦的话来说，这种增添的东西就是"心理结构"。正是通过这个概念，人们才得以考察时间轴在精神分析的成就中的重要性。持久的改变或"耐久的功能"，反映了某种基础性的东西，它提供了稳定性和支撑。现在我们或许可以将精神分析的成就的三个量度结合起来进行考察。

总是在进行分析

　　本章所描述的我的那位现已结婚的病人对当前的生活感到纯粹的好奇。他曾经对我抱怨说，他对他的某些快乐的——甚或不快乐——的朋友和熟人心生嫉妒，因为他们毫不关心他们自己的心理状态的来龙去脉。的确，他们似乎日复一日地生活，而不会认真思考这个问题。在某种程度上，他对他们的漫不经心的状态感到嫉妒，而他往往希望让他特别在意的事情越少越好。这并不是因为他自己忧心忡忡，尽管他乐意承认那点，而是因为他永远感到好奇。他坚信他所接受的精神分析使他因不断苦思冥想而感到痛苦。虽然他可能因能够更好地理解自己而感到高兴，但是也可能因感觉仿佛自己罹患了一种慢性疾病而感到难以承受。生活宛如一本不断在寻根究底的推理小说，这该是一种多么沉重的负担啊！不过，正如任何喜好神秘事物的人告诉你的那样，顺藤摸瓜是一种有趣的成瘾行为。

　　借用著名的法国哲学家保罗·利科（1992）的一句警句，我们能够，我们也应该将"自身作为一个他者"来看待。在我们走向我们通常所处的境地时，这种感知就会发生，它被所有的主观性的偏见和成见所扭曲。不过，我们或许能够凭借精神分析的帮助来获得少许客观性。我们并非通过分享他人的（即，分析师的）主观性来这样做，后者尽管在某种程度上弥足珍贵，但是可能也只不过是另外一个人的意见。精神分析的整个要点在于这个事实：这是一种奠基于关于移情和无意识的观念和原则之上的知识。

　　因此，我的病人必定是通过这种视角来看待他（她）自己，而不管他（她）作为一个自传作者的成功程度如何。因为这本自传是（来访者和咨询师）共同合著的，因此其可信度在于是否忠于精神分析，而不在于个体是否清晰地阐述还是故意有所保留。作为一位病人，一个人凭借精神分析的理解来向他自己解释自己的自体，而尽管作为一个失败程度不一的小说家，省略某些可能更为有趣和（或）引人入胜的事情，后者对我们的领域来说更加不真实。精神分析故事的严格性可能弥补了揭示真相过程的乏味性，因为自我审查一再回到治疗中强调的情景并忠实于我们的理论。

免疫

一位病人在经历了完整的精神分析过程后又回来接受分析，要么因为症状和问题再现，要么是面临一系列新的困境，这在每位精神分析师的生涯中都似乎司空见惯，而被认为是不可避免的。随着病人重新就诊，治疗师或分析师往往会含蓄地收到病人的一种投诉，它暗示了这样一种失望：精神分析并未带来良好的疗效，并未使病人免除更多的困境，并且（或者）未向病人赋予某种终生的免疫力。这仿佛是在说，所有未来的苦恼本质上是之前的苦恼，只不过以同样的或改头换面的方式重新出现，因为实际上，预期的解决方案最后被证明像创可贴那样，只是权宜之计。这种含蓄的投诉寻求表达自己，而不管这样的事实：世易时移，没有人能够预料到的事情发生了，并且自我审查也极可能逐渐烟消云散。

尽管我们可能赞同这样一种观点——精神分析的有效性的根源在于心理结构的变化，但是我们必须努力解释，我们已经出院的病人为什么依然脆弱。我们发表预兆式的关于分析性治疗界限的宣言，从而为我们的局限性进行辩解，或援引力比多粘附性内在的问题，或提及不相干的生物学禀赋——始终旨在使我们自己以及精神分析的方法脱离干系。或许正是因为我们自己的宣传，一种由我的一位老师提供的关于精神分析的非常特殊的现状的宣传，才导致我们对完美无缺的心理状态抱有幻想。分析性治疗像政治那样具有局限性。它无法宣称，它能够使一个人永远不会在生活中遇到不测之风云，因为正如我们希望的那样，童年时期的神经症无法为成年期的磨难提供完整的解释。本章所讨论的关于精神分析的成功结局的两部分解释——关于自体分析和开放的共情联结的解释，使我们更加清楚地认识到，关于幼儿神经症的理论是不完备的，它可能会导致接受精神分析的病人继续出现问题。

形式与内容

早前提及的弗洛伊德的格言主张让人们察觉到无意识的内容，这有如下含义：精神健康与洞见是错综复杂地交织在一起，知识能向人们赋予主观能动性，而这种新的力量具有治愈功效。

换言之，这是一种"内容治愈"的方式，通过暴露无意识的内容来促进改变，尽管这种改变后来被以各种形式的能量变化来阐述，它本质上是一种奠基在认知之上的改变。对婴儿和童年时期冲突的重新体验，传统上被视为幼儿神经症，必定使一个人以成年人的不同眼光来看待事情。毫无疑问，只有当情感得到充分的宣泄时，重新体验才能算作是有效的，而原初的基础就是，采用后来具备的"成年人"的能力来重新体验早期的创伤。咨询师的自我透明度（transparency），即便是假装中立（Baker，2000），也要求必须在治疗过程中重现早期情境，而这只有在精神分析中让历史重演它自身才能产生效果。这种重演牵涉分析师不去干预无意识材料的浮现，因为这种材料依然是神经症的根源。

这与从"形式"而不是内容得来的解释不同。问题的根源不在于"什么"，而是在于"如何"。对这种类型的病人，我们将解释从不幸的、不和谐的冲突转移至由不正常的发展所导致的缺陷。当然，人们易于看出，每一种冲突都会以某种方式暗示，在如下方面存在某些缺陷：压抑、驱力的中和、自体的脆弱性，或各色各样的替代性理论解释。不管是什么理论，人们可能要仍然理解这两者之间的差异：那些需要洞见的病人与那些不只是需要洞见的病人，而不管人们如何选择去对后者进行刻画或病理学描述。第二位病人似乎因定期看医生、有分析师的倾听、感觉被人理解而得以舒缓其症状——所有这些成分被归结为"关系"这个不幸被滥用的术语的名下。这位病人可能在回顾他（她）的精神分析时，谈论如下内容：精神分析师的语调，进入咨询室时所唤起的感觉，漫长而难熬的治疗中断期，偶尔穿插几次重新探访，相互赠送期盼已久的圣诞节贺卡。我们往往对这种病人感到有点愧疚或尴尬：与这位病人的管理界限被打破了。

我希望根据我早期的信念来提出这样的论点：没有放诸四海而皆准的经验，对不同的人来说，精神分析意味着不同的事情和采取不同的行动，我们的规则画地为牢的性质导致我们死板僵化地确定治疗目标。每位病人的自我反省和共情联结的组合情况都是独特的，而我们无法厚此薄彼。的确，不同的病人在不同的时刻有不同的需要，同样，不同的治疗师对同一位病人也需要采取不同的方法。因此，只是在最通常的意义上，我们才能将自我反省和与他人的有意义联结融合起来，制定一个适用于任何病人的目标。但是，值得留意的是，我们永远无法精确地把精神分析划分为我们可能罗列的适宜的类别。以下说法都是不正确的：我们可以准确地确定何时将处理移情结构，何时将处理新的发展，或者，我们在特定的时刻建立真正的关系，在另外的时刻缅怀过去。我们从来都没有如此好运。

讨论

如果人们向初级保健医生、大学教师、汽车修理工询问他们的职业目标是什么，他们或许会以"这视情况而定"作为开场白。在某种程度上，它们是令人恐惧和讨厌的词汇，因为它们隐藏了这样一个事实：回答者首先需要提问者提供某些背景资料才能去构思和确定回答。而假设向被请来疏通洗涤槽的管道工、小学一年级法语课教师、为患有肺炎的特定病人治病的内科医生询问同样的问题，他们的回答会与此不同。简单的答案涉及集中精力处理特定的问题，而复杂的答案与病情改善这个总体目标相关。

精神分析并不具备"精准治疗"（focused fixes）这样的特点。尽管我们希望情形是另外的样子，可是我们依然受目标模糊性的困扰。然而，正是因为这种不确定性的氛围才使精神分析现在成为一个富饶的领域，因为，假如每一位病人都有俄狄浦斯情结，那么我们的工作就与水管工的工作差不多简单。与"要视情况而定"这样的开场白相比，我们首先会说"从未确切地知道"，并且我们会坚持让每位病人找到他（她）自己的目标。

　　我的题目假设的语法错误源自于一个语言学选择。它意味着以宾格（即作为动词的对象）形式陈述自己。它旨在表达，对我和麦克斯来说精神分析的目标意味着什么，因为麦克斯与我的思维方式迥然不同，而我会继续忍受生活中的不确定性。精神分析的活力既来自于移情和无意识的基本论题，也来自于此类基本论题各自不确定的形式。移情和无意识的基本论题与变化交织在一起，导致我们在确定精神分析的目标时，能够附加诸如"迄今为止""目前""对这个特定的人来说"等短语。这样，我们能够也应该欣然接受我们工作的模棱两可性。麦克斯之所以是一位优秀的导师，是因为他对自己确信无疑——并且，吊诡的是，能够培养出一名像我这样能够快乐地听取各种各样的意见的学生。

第 **13** 章

共情与失败 [1]

1　这一章和第十四章的部分内容曾发表在《美国心理学学会期刊》上。

在精神分析会议上，很多具有不同理论背景的评论家对所展示的案例进行讨论，这颇为司空见惯。由于每一位讨论者都试图从他（她）自己的观点来对临床素材作出解释，所以往往恪守自己的观点而不是友善地融汇彼此的思想。我回忆起这样一个情景。似乎对每个人显而易见的是，病人的健康在特定的分析性方法的治疗下逐渐恶化，虽然有提倡不同的技术观点的人提出了其他建议，但是现有理论的实施者的主要代表庄严地宣称，一切事情都按部就班地进行，并且病人的状况良好。有趣的是，后面可能发生的论辩并未表达出来，而大会笼罩着一种放任自流的氛围，仿佛在说，每个人都有权利表达自己的观点。此类会议往往得出这样的结论，期望某些未被归入任何派系的听众可能确信，A 分析师比 B 分析师或 C 分析师更有说服力，从而加入他们的阵营来支持此套信念。

即使任何精神分析或心理动力学理论的大多数有造诣的支持者似乎都能对任何一位病人作出令人信服的解释，但是仍然存在这样一个可以理解的事实：他们在治疗上并未获得广泛的成功。我们需要将理论的解释力与理论的应用效果区分开来。当人们倾听一个病人健康恶化的案例时，人们容易相信理论对所发生的事情所作出的解释，但是几乎难以相信这样的解释对病人有何裨益。最初认可某种理论，但是不认可其应用，这总是颇为艰难的。尽管我们可能希望和预期自动地从理论中获得治疗技术，但是我们一般知道这并非实情。有时候这样说会更为准确：某些技术干预被认为是与理论相契合的，但是对病人毫无帮助，因此，理论的真理性其实是指它对病人的适宜性。因此，当上述专家声称病人的状况良好的时候，他并未看到，必须消除理论的智慧与它对病人的裨益之间的鸿沟。

精神分析和心理治疗的全部工作方法可以分为两部分：一部分旨在理解病人，另一部分旨在对所理解的内容采取某种措施。尽管令人遗憾的是，许多人（Fink，2010）可能选择去无视理解的重要性，但是，如果不首先去理解病人需要什么帮助的话，那么我们实际上没有机会去提供帮助。当然，这并非是说，理解本身就是有裨益的，而只是说，理解使人们得以启动一个可能有益的过程。

精神分析流派中的自体心理学的一个重大争论就是，共情是否是收集资料的过程，抑或其本身就是治疗的工具。当一位病人得到治疗师的理解时，这个事实本身是否就有所裨益，抑或是病人要想受益就必须首先得到理解。许多人倾向于混淆这两种现象，从而自动认为，理解本身具有改善病情的功效。对某些类型的病人来说，可能还需要进一步区分理解的交流。很多病人被许多治疗师"理解"，但是这对其病情并无帮助，这很可能是因为此类因素并未被区分开来。下面就共情可能成问题的状况展开进一步讨论。

尽管自体心理学的理论和词汇特别重视共情和共情干扰的问题，但是它们绝非只有这个视角。它们只是举例说明，对早前作为错误来进行讨论的事物进行研究的一种方法。此类错误包括，没有做那些本应该做的事情、做了本不应该做的事情、做错了事情。涉及共情的问题是日常生活的错误。

"共情"这个概念的流行以及近年来人们对镜像神经元表现出来的兴趣，导致人们努力寻找共情的神经学基础（Gallese，2008），以及心灵与大脑之间未成熟的联结的强烈的逆向反应（Vivona，2009）。本章旨在展示一种关于"共情"这个术语特定的精神分析视角，并提供一种限定条件。

劳伦·威斯佩（Lauren Wispe）于 1987 年撰写"共情概念的历史"一文，从而展示了"共情"这个概念的历史沿革。我们首先采用《美国传统词典》中关于共情的定义："亲密的理解，乃至于他人能够轻易领悟一个人的感觉、思维和动机。"巴史克（1983）对这个定义进行了修改，他写道，"共情"这个词需要与"理解"这个词联系起来，以便恰当地考察它在精神分析中的作用。他通过强调情感的作用，突出了共情的操作性定义。共情性理解是一个人理解另外一个人的一个过程。随着时间的流逝，"成熟共情"（mature empathy）或"生成性共情"（generative empathy）（Schafer，1968）等短语被引入进来，以便它能够与单纯的调和或一系列可能旨在主要反映利他动机的术语相区分开来。现在为了区分一个在精神分析领域拥有特殊地位的术语——持续共情，对一个术语进行另外的修订，以便提供许多定义和丰富的修饰词语。

不管人们如何定义共情，关于共情的文献浩如烟海，但是它们并未区分"普通共情"或"常识共情"与"持续共情"（Araqno，2008）。科胡特在阐释自体心理学时积极拥护"持续共情"这个概念。但是，它往往被人混淆成某种形式的一般集合的观念：对一个人感到共情、教导共情、对特定的情感状态产生共情等。我在本章试图区分共情的两种概念化——普通的和往往即时发生的共情与持续的共情，然后阐释持续共情所特有的某些差别。第一个任务可以通过单张照片与录像之间的比较而得到简化；换言之，引入时间线来区分大多数讨论和定义中所刻画的一般意义上的共情，以及那种可以区分一个人长时间沉浸在他人的心理状态中的共情。本章旨在阐明后一种共情的品质（即，什么事情使得它变得独一无二）以及这样做有何意义。长时间的共情是一种截然不同的现象，远比时间度量所暗示的单纯的量的观念丰富。对他人的逐渐理解导致了一系列事件，而对精神分析来说，该顺序提供了特定形式的解释。基本主题就是：如果没有持续的共情，那么失败会接踵而至。

持续共情的意义

R. G. 科林伍德（R. G. Collingwood）是一位历史哲学家，据说他坚持认为，所有的观念和所有的事实都必须历史化。他认为，只有通过发现特定的人在特定时刻的意图，才能理解过去（Inglis，2009）。因此，我们必须将观念置于语境之中，并且包括理解此类观念的人以及这些人的故事。当然，达尔文教导我们，所有的人是绵长的历史事件的产物（Coyne，2009）。弗洛伊德是一位注重过去经验的作用的著名人物，他强调，我们需要理解某人如何成为他

（她）现在的样子。然而，我们通常将与他人的共情理解为一段时间的切片，而不是作为一个逐渐展开的故事。大部分关于共情的神经学研究尤其如此。

近来一篇关于人的大脑的脑电活动的文章表明，在言语产生时，布洛卡区的神经会激活。它增加了一条防止误解的说明：

> 对视觉皮层的神经元来说，因为布洛卡区在不同的时间片段处于不同的动态皮层网络上，所以布洛卡区的特定分布可能随着时间发生变化。这与如下研究结果非常一致：布洛卡区并非专门的语言区域，而在诸如音乐和动作等其他认知领域也起作用，并且它对语言加工的贡献跨越了语义学、句法和音韵学的范围。(Hagoort & Levelt, 2009, pp. 372-373)

这与如下主张形成呼应：通过共情联结或任何其他手段所收集的资料必须在语境和时段中来考察。不同的时间片段只不过是一系列涵盖一套复杂意义的照片。"当下"往往是一个有趣的时刻，但是最好将其视为一个通向理解这个领域的门户。有时候，"当下"也往往只能通过持续的共情才能进入，但是，它一般需要在不断变化的意义序列中占据一个位置。这是可持续共情的第一个方面，它是一系列事件和情绪，而决非是单一的事件和情绪。第二个方面与持续共情的影响相关。我们将在下面以少许案例来予以展示。对某些人来说，这个主题无疑似乎是简单而明显的。这个练习的要点在于强调这个事实：共情通常但是并非总是沿着时间线来延伸，而大脑研究往往抽取时间中的某个时刻来进行。

精神分析师对待案例素材的方法与那些并非精神分析取向的人不同，而这种方法往往被描述为与解释学或诠释学相关。其过程被称为"解释学循环"。起初，我们一般知道在寻找什么，或者正如解释学之父马丁·海德格尔（Martin Heidegger）所说那样，"诠释是奠基在前见之上的"（1927/1946，p. 141）。据说，取得这种奠基的过程是三方面的，其组成部分为（a）前有，（b）前见，（c）前概念。这涉及如下内容：（a）暂时知晓什么将被发现或被揭露；（b）使事情得以被理解的方法；（c）精确的概念的基础。这些是循环的步骤，而该循环是意义的架构（Goldberg，2004）。

下面即将展示的案例旨在表明，人们如何在一段时间内聆听故事，并且根据时间线索来采集事件的意义，从而参与到解释学循环之中。

案例

查尔斯（Charles）是一位五十二岁的男同性恋，他独自一人生活，并且没有相处甚久的重要伴侣。他因为感到生活中少了些什么而犹犹豫豫地来接受治疗。他的母亲是一位朝鲜裔人，只会讲少许英语，他的父亲是一位高加索裔人，被他描述为冷淡而疏远的。他在全家十个子女中排行第四。在一系列的每周一次的探访后，分析师建议查尔斯开始精神分析，他爽快地采纳了这个建议。起初，精神分析进展得颇为顺利，而查尔斯声称自己感到舒适和充满希望。一个月后，查尔斯报告了自己的一个梦，而他与精神分析师对这个梦达成了一致的诠释。然而，在释梦之后第二天，查尔斯坚持坐着接受精神分析，并责怪精神分析师阴险狡猾，并声称将终止精神分析。不可理喻地，在暂时中断分析后不久，查尔斯返回继续接受分析，并表现出一个对过程和结果都感到满意的精神分析对象应有的更加冷静的行为举止。他除了声称感到满意和有所改善外，还报告了另一个梦，并且对它进行了成功诠释，此后他故伎重演，对分析师进行指责并中断治疗。病人首先表现出冷静的行为举止，随后其情绪剧烈发生变化，然后恢复正常，这种反复出现的情况让分析师感到困惑不解。总体的和逐渐的改善之后出现的情况让他似乎有前功尽弃的感觉。

这个案例在会议上被展示，用来探讨可分析性的问题如何大错特错，以及病人的治疗过程为何交织着希望与绝望。其时，有人提出了一种解释。这是一种在一段时间内保持共情的举措。尽管这个假说无法予以确切地证实，但是存在这种可能性：病人展示了作为十个子女之一的孩子的情形，他与母亲的亲密关系一再因为另一个孩子的降生而遭到打断。他刚刚对生活感到满意，他的生活就被搅得乱七八糟。因此，一位听众选择了用一个发展性概念来帮助她理解她所听到的这个案例。

所展示的这个案例未必是为了准确地描绘这个病人的状况，而是旨在提醒我们，我们其实一般会根据时间线来运用共情，并且会以叙事的方式来思考案例。当病人坐着并表现出像分析师所说的

"偏执狂"那样的行为，人们可能会对他的暴怒表示共情，并可能在进行诠释后将其概念化为一种改变了的情感状态。然而，"当下"的共情只不过是迈向整体性理解的第一步。解释学循环往往指代了精神分析的活动（Goldberg，2004），它被视为一个被每个参与者反复修改的过程。分析师在分析过程中维持共情，使他（她）得以再现个体的生活的发展史。当然，这并非确定如此的，但是，它起到了将精神分析区分为一种采用持续的共情的诠释科学这样的作用。

案例

当辛西娅（Cynthia）的分析师搬迁至另外一座城市后，辛西娅被劝说立即去继续接受精神分析，而她毫不犹豫地接受了。在新的分析师面前，她表现为一个因失去了一个对她来说非常重要的人而感到悲痛欲绝的病人，而这种丧失似乎使她产生满腔怒火，并且令人惊讶的是，她向她这位新的分析师发泄起来。

这位替换上场的分析师觉得他能够对这个新来的病人的暴怒和哀伤表示共情，但是辛西娅对这种"共情"并不领情，而是予以嘲笑和奚落。的确，她不久就透露，她并非因原先的分析师在预料之中令人遗憾地搬迁而感到特别生气，而是为了向她当前这位新接触的似乎无辜的分析师泄愤而编造了一个复杂的借口。

　　辛西娅的新分析师起初为了试图理解他新来的病人的愤怒而产生共情，现在他很快转变立场，感到困惑不解和愤懑。我们一再发现，共情决不是感受与所期盼的对其理解之间的匹配，而是一种故事随时间展开的复杂结构。

　　在治疗一段时间后，揭示出的故事可以解释辛西娅的愤怒，这让新分析师既感到意外，又感到沮丧。原来辛西娅觉得原先的分析师对她并无任何帮助，但是她却完全无法摆脱他。于是她建构了这样一种假想的情景：新分析师或像他这样的人干预了原来的分析师正在进行的治疗过程，要么好好地教训原来的分析师一顿，要么使她脱离这个不幸的困境。因此，她有理由对新分析师未能拯救她而感到愤怒。当然，这种特别的幻想实际上并无基础，也不容易通过立即的共情立场来获得。

　　有时候，共情可能会提供一个进入解释学循环的入口，但是也可能成为一扇通往死胡同的错误之门。共情一般有多个层次，并且有先后顺序。在辛西娅愤怒的背后，是她对治疗师和父母的失败所感到的极端失望和痛苦。除非经过分析过程，否则根本无法获得这种体验，而这种分析过程必定在一段时间内才能发生。因此，她的分析师必须对她的暴怒、导致她产生幻想的生活经历以及随后的失望产生共情。因此，人们需要保持和修改共情以获得理解。共情会随着时间发生变化，而单凭共情本身鲜少能够提供解释。共情是一种必须根据因果关系、先后顺序和目标来精心组织的资料（Goldberg，2004）。如果孤立地看，共情只不过是某种形式的调谐或情感共鸣，而本身未必有何意义。它的普遍性不应当被视为有任何特定的治疗效果的迹象，因为人们也不得孤立地看待它。共情可以带来好的效果和不好的效果，甚或可能毫无作用。我们现在就这点来进行阐述，并牢记共情需要有持久性并且往往是有益的。

案例

迈克在吵闹的离婚过程中接受治疗，而他的婚姻经历数月的争吵后终于分崩离析。他的婚姻或许可以被这样恰当地描述：迈克揽下了家里大小事宜，而他的妻子则尽可能少动手。当然，这不过是迈克对他的婚姻的一面之词，而我怀疑真相与之相去甚远。当迈克一件接一件地告诉我他胜任的事情之后，我就更加确信这种事态。他对汽车修理工详细地解释一辆抛锚的外国小汽车到底出了什么故障，他的解释是正确的，他给修理工留下了深刻印象，并使他感恩戴德。他耐心地向同事解释，如何将一套特别复杂的观念组织起来，并再次展现了他卓越的解决复杂问题的能力。纵观所有这些例子，迈克在许多例子中都表现得格外得体和宽厚，然而他在讲述此类关于他的超强能力的故事时，迈克对他的听众表现得不够宽厚。这些听众的地位各不相同，这包括学生、同事或竞争对手。大多数时候，他都是在容忍他的那些听众。

人们不难对迈克对他不称职的同事所表现出的优越感产生共情。他对自己的聪明才智有时感到满腔怒火，有时感到心满意足，有时感到暴跳如雷，有时甚或感到吃惊。迈克可以讨论他对别人的影响，包括他的前妻以及他现在开始追求的新欢。此类讨论引发迈克讲述了他的童年，他在童年表现出两个主要特质。第一个就是跟随叔父学会如何修理各式各样的复杂机械。第二个就是对体育运动一窍不通，无论他怎么努力去学习，他就是学不会打棒球，也从未真正学会游泳。一条线是胜任的特质，另一条线是失败的特质。迈克之所以不断地向他人炫耀如何去做事，是因为当他还是一个小男孩时，他就几乎做不好任何事情。与迈克不断希望摆脱的无助的小孩保持接触，这是一种随着时间的流逝而获得的共情的立场。在这个更容易理解和认识的特别能干的人背后，隐藏着这个小孩。当迈克自己能够体会到对自己无能感到的恐惧时，他几乎为自己知道这么多而感到愧疚。

持续共情的疗效

　　我们已经看到，持续共情的目的并非获得片刻时间的意义，而是获得关于有时看似矛盾和隐藏的意义的更丰富的解释。

　　持续共情的疗效与共情的对象——即与有时被称为被共情人的影响相关。日常实践中有很多证据表明，当人们觉得自己被他人理解时，他们会感觉更好，而对这种积极状态现在有多种解释。不同的精神分析理论提供不同的解释，经典的理论认为这是压抑得到释放的结果，而其他理论则提供了各种可能的解释。不过，一个人所得到的快感，（比如说）在梦得到诠释从而让人感觉有道理时的快感，与当一个人觉得与人建立长时间的联结并被人理解时所获得的满足感和满意感，这二者之间是有差异的。阿戈斯塔（Agosta，2009）声称，一个人从另外一个人身上获得了自己的人性的感觉，因而，他主张"共情是人类共同体的基石，其中'共同体'意味着'与他人一起处在人类的相互关系中'"（p. xiv）。

一个人与另一个人或更多的人的相互联结的状态，需要根据其长期的和短期的效果来予以考察。它们似乎既相似又有所不同。短期效果往往被视为认知方面的成就，例如，当一个人在诠释后获得洞见。长期效果不需要有重要的认知维度，但是当一个人感到与一个似乎持续的或令人满意的人或群体相互联系时，就会产生这种长期效果。实际上，精神分析领域之外开展的许多研究表明，归属感或参与感都会带来积极的治疗效果。

精神分析流派之外的研究关注人类亲密关系的益处，这包括用测量生物学机制来解释社会整合性与身体健康之间的正向联系（Hawkley & Cacioppo，2003），也包括对特定疾病和社会关系的研究（Bae，Hashimoto，Karlson，Liang & Daltroy，2001）。它们也扩展至一个人与其他人建立联结时有关的荷尔蒙生物化学问题（Van Anders & Watson，172，2007）。关于社会关系的积极影响和消极影响的一系列问题，现在积累了相当详实的研究和资料（Cacioppo et al.，2002）。在所有此类资料中，都没有对情绪幸福感与社交网络之间的显著相关性进行足够的精神分析解释甚或心理学解释。除了无意识之外，每个层次都被提及和测量，但是持续的共情及其心理学影响被省略了。巴史克（Basch，1983）觉得有必要采用"共情性理解"（empathic understanding）这个术语来强调心理学的意味，但是我们所使用的"持续共情"（sustained empathy）这个术语实际上是持续共情理解的简称。

　　因为持续共情是精神分析流派自体心理学的基石，所以其疗效最好的但并非唯一的解释来自这个理论视角，这并不足为奇。所提出的理论的基础就是，自体客体或另外一个人充当自体的一个基本组成部分。因此，这个人把其他人当作心理结构来利用。这个人由他与他人的关系构成和维系。因此，自体心理学本质上是一种"一个人"（one-person）的心理学，它解释其他人如何成为一个人的自体的方面。一个人的自体的空缺由他人来填补，而自体客体关系使人产生自体整合的感觉。一个人只有通过他人，自己才能变得完整。

　　如果一个人考虑像婚姻这样的社会关系，并且评估此类社会关系的积极影响和消极影响，那么其结果可以从许多层面进行理解或解释。譬如说，已婚男士比未婚男士更可能遵从筛查性结肠检查筛查的建议（Denberg，Melhado，Coombes，Beaty & Berman，2005）。如果人们在最明显的层次对这种水平的互动进行研究，那么他们有可能遗失心理学层面的内容。一个人可能会说，他（她）的配偶将感到满意或自豪，从而镜映了此类遵从建议的活动。此类联结可能是持久的，并且维系此类个人的心理体验，而这对自尊调节来说是必不可少的。另一个描述此类联结的方式是，将它们视为对共情关系的维持。这种持久的关系起到维系一个整合的自体的功能。

　　我们要评估持续共情对它的对象的改良方面或消极方面，同样，我们也必须考察它对所谓的共情者的情绪影响。保持共情联结并非一项不费吹灰之力的任务。不久前我参加一个案例讨论会，会上详细讨论了一位有严重精神分裂症的病人的情况。其中一个听众发言说，这个材料简直惨不忍睹，从而例证了病人所处的恶劣生活状态。共情总是一种双向的冒险活动，参与共情的每一方都可能有所收获或遭遇损失。当一个人进入共情联结时，他被要求发挥特定的自体客体的作用。这种匹配往往是偶然的，因为当病人要求被镜映时，分析师会意识到并作出相应的反应。有时候这种匹配是不可行的，因为当病人希望被镜映时，分析师需要被理想化。比单纯地将所渴望的自体客体联结起来更为重要的是，需要将这种联结维系较长一段时间。我们再次必须将片刻的理解与持续的共情这种持久的体验区分开来。

持续共情的前提

托马斯·梅岑格（Thomas Metzinger，2009）是一位哲学家兼科学家，他提议我们去扩展共情的概念，来解释那些表达性行为所有的不同方面，后者使我们得以与他人建立有意义的联系。他提出，采用"共享的多重关系"（shared manifold）这个术语来描述现象学层次、功能层次和亚人层次的人类关系。现象学层次的关系是对相似性的意识感受，功能层次的关系是我们观察到的他人的行为或情绪，而亚人层次的关系是对神经回路进行镜映的活动。像将共情比拟为文本阅读的大多数人那样，梅岑格断言我们阅读到相同的句子，但是可能对它进行了不同的诠释。类似地，在某份报纸的一个新近的栏目中，专栏作家列出了关于大脑与心理学的一系列联结，这包括"威胁"场景会激活杏仁核，前扣带回会调节痛觉等，从而大胆地预测此类研究将来可能会告诉我们"人到底是什么"（Brooks，2009）。此类人类互动的简单印象建构了一幅图景，而观察者置身于互动之外。他们未能看到，所有的共情，包括瞬时的共情和持续的共情，都是参与的双方相互影响的一个过程。

当我们在互动中进行观察时，我们意识到实行持续共情的人面临一系列特定的要求。此类要求中的第一个要求就是避免过早结束。决策中这种特定的延缓可能要求我们去容忍焦虑，或容忍任何与我们身上被唤醒的特殊记忆或感觉有关的积极或消极的情感。因此，所谓的威胁与杏仁核之间的联结通常会刺激我们自己的被梅岑格归类为功能的方面，从而导致我们行动的方向与我们希望与之共情的人的方向不相关联。的确，任何人都无法或应该试图在持续的共情中保持完全中立的立场。梅岑格所说的每一个类别都必须根据共情者反馈的情况来进行校对。持续共情的第二个要求就是理解和管理那个共情对象所激起的幻想。当然，此类幻想是需要在共情实践中予以考察的有价值的贡献，它们有助于人们进行理解，因而不得予以排除或谴责。如果一个人能够抵御过早结束的诱惑，并认识到一个人在理解他人的努力上所作的贡献，那么第三个请求或要求就凸显出来。最后一个必需的活动就是设立一个人自己的时间线，从而中断共情联结。据说这种共情联结的中断对心理成长和／或可能的洞见来说具有重大意义。大部分成长奠基于重新激活共情联结的能力，而这种能力使一个人得以评估一段时间内相继出现的持续的共情、共情中断和共情再联结的影响。持续的共情是一种仔细的和谨慎的行动，它把责任归结于远不止梅岑格所说的三个层面。所有的观察都需要参与，而这种参与会随不同的观测者而发生变化。

心智化

"心智化"（mentalization）是一个近年来被引入的比较流行的术语，它旨在提供一种理论来解释心灵感应是如何发展起来的。据说它依赖于安全依恋（Fonagy，Gergely，Jurist，& Turget，2002），而据说依恋类型与依恋模式反过来与特定的病理学相关。共情被某些人视为某种形式的心智化（Firth & Wolpert，2004，p. 115），因此，"心智化"与一系列其他词汇或短语一起，被用来更好地理解人们如何彼此相互交流和理解。有时候，"心智化"仅限于观察到的除语言之外的其他行为（Firth & Wolpert，2004，p. 48），而有时候，人们会以神经科学的方式来对它进行解释。

"心智化"不过是许多词汇和短语中的一员，旨在区分治疗关系所涉及的一种特定的活动。正如巴史克（1983）倾向于使用"共情性理解"这个短语那样，其他人倾向于使用共情性沉浸（empathic immersion）、共情协调（attunement）、共情立场（empathic stance），或其他类似的关于这个单一主题的词汇的变体。它与持续共情的唯一差别在于，需要时间线来确定所阐述的意义和所提供的诠释。

　　"一个人如何努力确定另外一个人在想什么，此类任何的或全部联结有何影响？"人们很容易看到不同的精神分析观点，而每种观点都运用它自己的术语和概念，这包括人际关系的观点、主体间性的观点和关系流派的观点等。试图将此类术语与另外的术语区分开来或许是徒劳无功的，而它们当中可能含有持续共情这个因素。然而，由于常见的或普通的共情是一系列心理操作的不可或缺的组成部分，因此我们需要划分特定的活动来当作持续共情的领域。它不单纯是倾听，它不单纯是心灵感应，它不单纯是拥有一段人际关系或主体间性的关系。正是所有此类因素一起发挥作用，才导致了一段时期的理解，而时间是关键因素。

讨论

　　如果我们将持续共情视为不断发生的、有助于自体整合的自体客体的联结，那么我们能够将这种形式的联结从其精神分析的角色外推至各种形式的社会交往。精神分析中出现的自体客体移情来自持续的共情立场，该移情的形式和类型与各种各样的有意义的社会关系中涌现的移情是类似的。就有效治疗和某些类似于单纯的团体成员资格的事物而言，这种持久的联系有关键的差异。

分析过程强调了这种差异，旨在使个体不再独立于他人，而是在精神分析场景之外建立稳定的和持续的共情联结。精神分析的体验不是在咨询室之外的场合进行模仿或模拟的体验，而是被视为旨在使一个人形成持续的共情联结。将治疗师或分析师的陪伴视为对一个人的孤独进行治疗的方式，这是大错而特错的，因为，孤独与其说是缺乏陪伴的结果，不如说是由没有能力获得和维持友谊而导致的结果。孤立固然是一种不幸的境况，然而，把孤立单纯作为一种不幸的境况来进行研究，会使人无法理解，持续的共情如何是一项成就而不是一件偶然事件。

共情可以通过如下方式来进行研究：作为特定的荷尔蒙变化的产物，作为一种特殊形式的大脑活动，作为社会关系形成中的一个关键要素，甚至作为包括鲸鱼和非人类灵长目动物在内的其他动物身上出现的现象（deWaal，2005）。因为此类研究的层次各不相同，因此这个术语存在如下危险：要么被贬抑到丧失其意义的地步，要么被美化为那种能够包治百病的灵丹妙药。

稍微简洁地说，共情是收集资料（即，心灵感应的类别）的一种方法。当我们解读我们认为另外一个人脑海里所想的内容时，我们所收集的资料一般不会当作一串单词或句子来处理，而是当作负载有意义的观念来处理。因此，共情并非单纯是对思维或感觉的记录，而是最好被视为一种像故事或叙事那样的复杂结构。如果我们在对他人的心灵解读中增添历史成分，那么我们沿着时间线来研究共情，从而转向持续的共情。这种收集关于他人资料的活动本身往往改变了我们所获得信息的性质。不仅观测者影响了所收集的资料，而且观察这个行为本身既改变了观测者又改变了观察对象。因此，我们断言，某些共情被视为有层次的单一片段的信息，某些共情被视为带有起因、次序和目标的长时段信息。有人提议，后一种共情被单独分类为持续共情，并单独研究其特有的治疗效果。

如果一个人主要在心理学层次研究共情，那么精神分析流派中的自体心理学提供了一种特定形式的洞见，来解释共情之所以既具有正面效果又具有消极效果。共情者，或提供共情的人，被共情对象或接受共情的人体验为一个必要的自体客体。随着时间的流逝，这种自体与自体客体的会晤与匹配，有助于自体整合和自尊管理，从而带来幸福感。而参与共情的双方偶尔会都有这种感觉。因此，当人们得到他人的理解时会感觉更好，并且随着时间流逝，深入的理解会提升自体整合性的感觉。持续的共情所享有的地位与另外一个人的短期共情联结的地位迥然不同。它甚至可能是人类的标志性特征之一。

当一个失败案例被展示给一群听众时，听众一方面要对报告人保持共情，另一方面要对案例的操作保持客观的立场，这明显殊为不易。虽然没有谁会公开地批评这个分析师或治疗师，但是在讨论结束后，许多听众会窃窃私语地讨论治疗的操作有多么糟糕，以及（往往）这位分析师或治疗师是多么愚笨。有时候，听众的态度会发生明显转变，对报告人提供支持甚至表示共情，以致不可避免地对病人表示出轻视或消极的看法。失败似乎往往使人们摒弃中立的立场，要么加入病人阵营来谴责治疗师，要么加入治疗师阵营来对病人进行客体化，也就是说，将病人视为一个问题而不是一个人。此类认同既是自然的，也是必要的，这需要一种大多数分析师和治疗师基本上能够掌握的灵活性，但是，往往不需要放弃这种暂时的认同状态。我们往往会有这样一种持久的印象：治疗失败给病人带来了伤害。

第 14 章

重新思考共情

　　许多作者认为失败案例的核心议题是反移情问题，同样，许多其他作者认为，共情失败才是问题的关键所在。当然，尽管只考虑一个单一的和核心的因素是方便的，但是对所提出的关键问题的回顾表明，它们是繁杂无章的而且基本上无法被轻松地归入某个简洁的类别。共情这个问题尤其如此，我们可以看出，它有时是有益的，有时是有害的，有时容易被建立起来，有时则无法实现，甚至有时并非是特别相关的。

　　一位病人（对"共情"这个话题异常敏感的人）最近告诉我有关他与他的室友相处的事。他俩几个月来一直共住一套公寓，有一天他的室友要求降低室温，甚至要求将取暖器完全关闭，因为"这样做正在毁灭地球"。我的病人回应说，由于室温被设定在 20 ℃，他觉得这个温度让他感觉舒服，所以他不愿意降低室温。他补充说，在他看来，关于保护地球的话题与他俩所讨论的问题是风马牛不相及的。他的室友回复说，这仅仅是一个语义学的差异。我的病人说，所有的辩论都是语义学的差异，而他们必须尽快讨论他们的不同感受。我的病人在向我讲述这件事情时说，他完全能理解他的室友的立场，所以他或许会同意关闭取暖器，并通过穿更多的衣服来保暖。他随后查看了许多朋友家的公寓所设定的室温，发现没有哪一所公寓的室温低于 20 ℃，但是他仍然认为，最好还是答应他室友的要求。

考虑到我的病人随后或许会觉得不舒服，于是我询问他对这个要求有何感想，他说他很难考虑自己的感受。由于我自己喜欢将室温设定为 24 ℃ 至 26 ℃，所以我暗自揣摩，我的病人即便没有对他室友的要求暴跳如雷，无疑也是感到不愉快的。当我的病人努力辨认他的感受时，他说，"这像带着复仇的共情"（即，他似乎能够只为"他人"着想）。然后他回忆起（并非首次）小学时期发生的一件事——他遭到了一个恶棍的欺凌。他觉得自己在这个恶棍面前无能为力。他很快向他的母亲诉说了这种不快乐的情形，进而从她处得知，他的敌手的父母正在闹离婚，从而在某种程度上为这个恶棍的暴行提供了辩解。得知这个信息后，这位病人立即与这个恶棍进行对抗，旨在用他自己的报复手段来还以颜色，以他父母闹离婚这件事来奚落他。我的病人对我宣称，与对他当前室友的态度截然不同的是，他对这个恶棍没有丝毫的共情，他只关心他自己的感受。

我的病人继续思考这两个迥然不同的情形：只为他人着想与只为自己着想。他随后就体验到对室友和对小学时期的敌手的感觉发生了变化。对前者来说，他注意到对（现在）这个要关闭所有取暖器的荒谬请求感到愤怒。他意识到，从他所认为的共情角度来考察问题，这似乎使他对自己的感受麻木不仁，也使（他）无法对这个问题进行"切合实际"的评估。就后者来说，他意识到自己因受欺侮而感到暴怒和无助，最终能够还以颜色，但他未能意识到，这个爱戏弄他人的敌手因他家庭的破碎而遭受的折磨。那么现在问题出现了。他似乎既能理解他室友的感受，又能理解他自己对小学时期那个恶棍的感受。然后，他也能够理解他的敌手是如何养成其恶劣品行的，正如他理解温度对他的室友意味着什么那样。他所获得的这种理解是不是他成功地对这两个人产生共情的一种状态呢？抑或是，他自己必须觉得自己喜欢寒冷的公寓，自己同样有权利虐待和欺侮小学时期的某个人呢？

当然，共情并非一定等同于完全同意——难道不是这样吗？他短期内同意了室友的要求并理解他的感受，直到他在治疗中讨论这个问题。然而，一旦他意识到和感受到自己的处境，这包括对室友的暴怒，他的感受不复从前。他的共情能力是否削弱了或丧失了？抑或是怎么回事？尽管他能够理解小学时期的那个恶棍，但是他既无法认可这种暴行，也不觉得自己的做法有丝毫残忍。他是否努力对欺侮他的人产生共情呢？当他在治疗中谈及那位小学同学时，这种虐待所带来的委屈感减轻了，但是他从未原谅那位同学，甚至从未放弃他自己的感受，哪怕一瞬间也不行。他最初对室友的理解并没有考虑自己的感受，这是一种带有报复的共情或完完全全的共情，同样，他最初对那个恶棍的感觉可以算得上是缺乏共情。对他来说，似乎没有折衷的道路可以走。

共情与同意

"共情"（empathy）被某些人定义为一种分享、赏识和回应他人的情感状态的自然能力（Mason & Bartal，2010）。当然，这个词有多种不同的定义和方法，此外，人们也试图将它与"同情"（sympathy）和"利他"（altruism）区别开来。它的确是一个语义学的问题，或是一个意义含糊不清的词汇，但是，所有的自然语言都包含模糊性，而这种特征使语言具有灵活性。为了便于我们在许多场合使用它，语言必须带有"缺陷"（Okrent，2009）。因此，共情可以被视为如下内容：暂时的认同，替代性的内省，"仔细品味而不狼吞虎咽"，或其他各种不怎么精确的定义。所有这些定义都涉及设身处地地为人着想，从而不可避免地带有自己的想法的痕迹。如果共情涉及与他人完全的和持久的认同，那么这个人就是"过度认同"，从而无法保持一定程度的客观性，正如我的病人最初对他室友的感知和印象那样。如果一个人完全无法与他人一道去体验某种情感状态，那么他丧失了共情的一个重要部分。有人觉得，必须有两种心理状态混合在一起，因此，最终或许可能存在不一致的情况（"我们两个人看待世界的方式就是不同"）。个人情感与他人的情感的共同因素相混合，是共情的必要组成部分——中间地带。

我在第十一章提及了一个案例，一位中年妇女因丧夫而长期感到哀伤，从而接受精神分析。在接受精神分析后不久，她加入了一个有类似经历的寡妇构成的小组。她们都认为，她们亡故的丈夫是不可替代的，因而与其他男人纠缠这个想法是愚蠢的。这位病人一再做同样的梦：根据她的想象，她自己坐在一把空椅旁边。分析师一再将病人的这个梦境诠释为她在对进入精神分析进行阻抗，但是他不久就感觉到，这是徒劳之举，因为他的病人坚持认为，她的亡夫是"上等红葡萄酒，无法用可口可乐来代替"。尽管对这位病人有许多评论和提议的处理方法，但是这些都可以被放置一边，先考虑某一位倾听的观众提出的看法：分析师明显无法对病人产生共情。关于如何实现共情联结的状态，他建议分析师同意病人的观点：她的丈夫的确是一个十全十美的人，而其他男人绝对不会像他那样的好。这位听众表示，分析师简单地陈述，他对病人觉得自己的亡夫是无可替代的这种感觉表示理解，这是不够的，相反，分析师必须像她那样持有同样的信念。分析师极力反对这个建议和解释，尽管他能够理解她的感受，但是他无法接受这个虚幻的和荒谬绝伦的要求。他对"同意"是产生共情的必要条件这个观点持踌躇不决的态度。不过，他能够明白，他的病人觉得，或许除了这个寡妇组织的成员之外，除非人们认可她的观点，不然可能没有人能够理解她。

分析师提出了一种折衷方案。他能够设想一段曾经拥有的而现今失去的感情，并且在他看来，这段感情无法替代。正是通过这种方式，他获得了一种与他的病人曾经拥有的感觉相类似的感觉，从而在不持有与她相同的信念的情况下，分享她的情感状态。这能算得上共情吗？当然，寡妇小组的成员更进一步认可了她的信念，但是分析师无法认可这个信念。

下面的（我们设想的）讨论旨在对共享感受、共享信念和（单纯的）理解进行剖析。有人认为，这三个特征都是必需的。而其他人则认为，一个或多个特征是必需的。就"理解"而言，人们一致认为，这是必不可少的，但是这是一个模糊的术语，仅仅具有单纯的认知意味，因而需要限定性形容词，比如说，"真正的或真实的理解"（true or real understanding）。"共同的感受"（shared feeling）也具有不充分这个缺点，因为它似乎需要一种解释性认知脚手架才能完成共情这个任务。在解释性叙事里面，似乎在不知道感受的位置的情况下，太容易与病人一起感受。"共同的信念"（shared belief）是最成问题的。尚不清楚它是否是一个普适性要求，抑或只是某些病人特有而其他人不需要的要求。是否有某些病人需要在"理解"中包含同意？似乎有某种解决方案：与某位病人共情可能有时需要分享感受，有时需要分享信念。因此，"理解"是一个灵活的术语。既有简单的案例，也有棘手的案例。我们接下来开始讨论后者。

共情与行为障碍

　　那些以有悖于社会通常道德的方式行事的人会考验我们的共情能力，并且往往会滥用它们，乃至于使我们无法成功地理解他人。我们意识到，对小偷、凶手、形形色色的流氓有一个共同的负面反应，而我们在表达嫌恶之余，极少会作出其他反应。对行为不端的人，我们几乎会自发地表现出愤怒的反应，尽管这有时会引发我们的兴趣，试图去解释这种行为。我们极少会表达某种程度的关心，从而产生我们"分享、理解他人的情感状态并作出反应"那样的共情。我们往往会认为，冒犯者是精神错乱的人或是具有反社会人格的人，因此我们将他（她）置于某种超越心理学的境地。不管他们是多么有趣或魅力四射，我们也无法从情感上或从理智上与他们为伍。

最近关于行为障碍的研究（Goldberg，1999）设立了一个新类别的障碍，其特征为：有两个平行的心理区域，一个区域实施不可接受的行为，另一个区域对不可接受的行为表示震惊和谴责。据说这两个区域表明了精神的分裂，因而心理治疗就是针对这个"垂直的分裂"（vertical split）进行的。在此类案例中，共情扮演了至关重要的角色。我们可能对那个反映了正确的社会规范的区域产生共情，而不对那个反映了不端行为的区域产生共情。在此类案例中，治疗师通常会与病人一起，对不端行为表示他（她）的嫌恶之情，并随后针对各种控制措施采取治疗。针对诸如成瘾等不端行为采取的控制项目是此类措施的代表，它们旨在加强社会接纳的区域，以便调节并最终消除不端行为。与控制措施形成对比的是与不端行为区域形成共情联结的措施，后者遭到否认和分离。与具有周期性冒犯甚至令人憎恶的某个心理方面保持有意义的和持久的联结，使人重新追问这个问题：共情与同意是否是密切相关的。

下面的案例既非作为正确技术的代表，也并非旨在为此类行为障碍的存在进行辩护，而这两个问题将另文讨论（Goldberg，2000）。它们旨在表明，对此类病人进行共情所面临的挑战。我们可能会被这种临床资料说服，但是治疗的大部分的历史和过程都被省略，以便我们集中关注治疗师对案例中所展示病人的感受。

案例

　　E 大夫是一位成功的内科医生，他与很多同事共同拥有一家大型的和利润丰厚的医业。E 大夫作为一名内科医生，对自己的职业乐在其中，并且深受其病人和同事爱戴。不过，让 E 大夫一再感到沮丧的是，他偷偷摸摸地与自己的一个或多个病人勾搭成奸。由于E 大夫已有妻室，并且育有三个孩子，他因担心丑行败露而不断感到焦虑。为了应对婚姻不幸和与许多病人私通而产生的焦虑，E 大夫接受了心理治疗。他与病人的私情保持不了很长时间，并且往往是不稳定的和反复无常的。他坚称，除了想和妻子离婚而迎娶其中某位病人外，他从未爱上任何病人。他说自己既享受这段私情中的性爱，也享受它给自己带来的其他的快乐。虽然 E 大夫毫不犹豫地坦言他的这种做法是愚蠢的，但是他也觉得，每个男人都想这样做，而只不过是因为担心丑事败露而不敢付诸行动。他将自己的行为描述为"愚蠢的"，但是并没有说它是糟糕的、罪恶的或错误的，它只不过是愚笨而已。

　　E 大夫的治疗师很谨慎，并未对他与病人逢场作戏的行为进行谴责或批评，而是关注于他的不幸婚姻和他因自己的所作所为招惹麻烦的可能性。当 E 大夫拒绝治疗师的建议后，治疗师觉得自己无计可施，只好将他转介给另外一位治疗师。原先的治疗师认为 E 大夫做的事是错误的，并且他很难赞同 E 大夫的这种行为仅仅是纯属愚蠢。有趣的是，E 大夫的一位同事也对其妻子不忠，除了与病人发生性关系之外，还与医院工作人员发生了性关系。他们都在不端行为中寻欢作乐，并且沆瀣一气，狼狈为奸。

在 E 大夫接受新来的治疗师的治疗时，他突然面临可能被其中某位病人揭发丑事的局面。他觉得，第一位治疗师的警告是有先见之明的，并发誓今后再也不冒这种风险了。然而，他所下的决心是昙花一现的，他不久又开始寻求偷腥的机会。E 大夫想要治疗师像他自己那样，承认他需要这种"绝对无害"的异常出轨行为，而他从未想过这是自己在占人家便宜的一种行为。第二位治疗师意识到，为了与这个新来的病人产生共情，他必须接受这个原则：这种做法是愚蠢的而非罪恶的。E 大夫很容易意识到第一位治疗师的不满，并且将这种不满视为他自己遭到误解。当然，E 大夫不会与那些认为他犯错的人辩论。他只是与他们意见不一致。E 大夫的第二位治疗师意识到，为了成功地建立共情联结，E 大夫需要得到认同。虽然 E 大夫觉得自己做了令他后悔的事，并且希望自己并未屈服于此类诱惑，但是他将自己的行为合理化，认为他的行为是值得采取的，因为他和妻子再也无法享受琴瑟相调的欢乐，他们通常彼此冷淡相待，并且疏远对方。不管人们如何阐述 E 大夫的心理结构，也不管人们考虑对 E 大夫采取什么样的有效治疗手段，他总是觉得，要想理解他，人们就必须以他的方式来看待问题。

我在另文中报告的约翰的案例与 E 大夫的案例形成了鲜明的对

比（Goldberg，1995）。

案例

约翰是一位内科医生，他也与自己的多位病人发生了性关系。在约翰看来，她们只不过是被自己用来进行口交的匿名工具而已。约翰与病人随机地和间歇式地发生仪式化的性关系。在后来的精神分析中，他描述在此类行为发生后，他会深感羞耻和悔恨。约翰对自己的所作所为感到可怕，下决心今后金盆洗手，但是仍然一再卷入同样类型的性活动。在第一次精神分析中，治疗师建议约翰在与病人见面前先自慰，以降低他付诸行动的概率。同样，不端行为被视为需要被控制、调节和消除的事情。第二位精神分析师不难对此类异常出轨的性行为的象征意义产生共情，因此会如约翰那样，认为它们不仅是令人羞愧的，而且是需要被人理解的。

E 大夫与约翰之间的鲜明对比，这在某些人看来是具有重大意义的，而在其他人看来，这是无足挂齿的。再次说明，展示的此类案例并非作为诊断和 / 或治疗方面的练习，而是作为共情的挑战。约翰觉得自己的行为是错误的和可耻的，希望自己能够杜绝它们，而E 大夫觉得自己的行为是愚蠢的和错误的，自己偶尔想摆脱它们。然而，约翰在付诸行动时并未觉得自己的行为是错误的，而只有在事后才觉得它们是错误的。就这个方面来说，他与 E 大夫并无二致——他们都很享受此类性关系，并且都知道它们有悖于社会准则。E 大夫与约翰的不同之处主要在于，约翰事后有羞愧感而 E 大夫没有。

如果我们聚焦治疗师为理解此类男性而付诸的努力，那么毫无疑问，它们会激发不同的感觉，从而带来不同的挑战。约翰的成长经历引发了更多的共情，他所参加的仪式化的性行为导致人们更想知道它所具有的意义。尽管 E 大夫的成长经历也激发了人的共情，但是由于他觉得应该享受某种快乐而对自己的不端行为合理化，人们对他的共情也就烟消云散了。就与病人的关系而言，约翰与 E 大夫也不同，约翰鲜少了解他的病人，而 E 大夫坚称，更好地了解病人与性关系同等重要。约翰和 E 大夫最初的治疗师都对他们的症状感到难过，并希望以某种方式控制它们。只是到了后来，他们的治疗师觉得理解他们的症状是清除此类不端行为的可能的最佳途径。然而，对以上两位男士来说，理解是大相径庭的。

多维度的理解

我们之前列举了共情的三个必不可少的成分：共享感受、领会感受、对感受作出回应。它们一起导致理解。共享感受似乎最容易，尽管我们看到，从我的病人和他的室友的相处情况以及他在小学时

期被欺凌的历史来看，共享感受是永远不够的，总是需要付出某种
努力，并且会随着一个人的偏见而作出修改。第二个成分就是领会
感受，它导致一个人对感受的评价和最终接纳或拒绝。一个人会与
病人过度认同，或者截然相反，对病人进行谴责。与病人达成一致
意见，这似乎是至关重要的，而往往正是在这个方面，道德的问题
显露出来。人们会理解某人之所以会以特定的方式感受，但是他未
必能够宽恕这种感受。然而，许多人觉得，除非他们的感受得到宽
恕，否则他们无法被人真正理解。不管你喜欢与否，许多人除非觉
得自己被人理解，否则他们无法得到帮助。的确，共享感受这个行
动本身往往要求对感受的合法性予以认可。对某些人来说，共情的
三个组成部分之间可能存在错综复杂的关系，乃至于无法单独予以
考虑。

讨论

　　某些作者（例如，deWaal，2005）区分了"共情"（理解其他情
景的能力）与"共情性关心"（empathic concern），后者另外具有
关心这个特色，从而能够促进善或带来恶。随着这个术语延伸至
"同情"和"利他"等词汇，例如在非人类灵长类动物中对它的研究
那样，它的生物化学基础也得到研究。它往往有许多此类区别和限

定词。当我们聚焦它在精神分析和动力心理学中的用途时，最好考虑其基本的治疗功能。在这里，它一般被认为是一种不断深入地理解他人的这种努力，并且本身往往被认为具有治疗效果。正如《爱丽丝镜中奇遇记》中的矮胖子那样，共情的确切含义就是表达共情的人希望表达的含义。

人们可以设立线性排列方式来思考共情。这包括如下内容：呵欠在一群猩猩或一群人中传染（Mason & Bartal, 2010, p. 2），感知其他人的情感状态这种纯粹的认知能力，即便他人的情感状态与自己的大相径庭，共情的三个组成部分——共享信念、领会信念、对信念作出回应。当然，最后一部分共情可以用积极关怀的方式或消极破坏的方式来进行考察。

将对共情的考量限定为它在精神分析思维中的作用，这使我们认识到或坚称如下天真的陈述是过于简化的误解："共情是一种看不见的力量，它的在场使我们做出了最好的行为，而它的缺席乃至滥用则容许了暴行"（Mason & Bartal, 2010, p. 1）。毋宁是，共情最好被视为一种收集数据或对他人进行调查的特殊形式，尽管它的意图可能是积极的或消极的，并且它对人们会产生不同的影响。因此，另外一个线性排列的共情包括对其他人的单纯感知，分享他人复杂的感觉和信念。这个系列中的共情会对人产生不同的影响。某些人可能会因自己得到理解而感到更好或更糟。某些人觉得与他人分享自己的感受会让他们感觉更好，而某些人要求他人要分享、承认和认可他们的感受和信念。最后一个要求在治疗措施中是最重要的，因为它往往厘清了我们共情能力的界限。

某日早晨的报纸报道了一次审判，一个男人绑架和强暴了一个

年轻的女孩，并将她囚禁多年，一再虐待她（《纽约时报》，2010 年
3 月 20 日，p. A9）。它也详细地描述了他对受害人进行猥亵的某些
方式。大多数读者很快能对这个不幸的少女的经历感同身受，但是
无法理解这个罪犯的感受。大多数治疗师无法对他进行治疗，因为
他们无法发展他们的共情，以便能够完全理解他。受害人与罪犯展
示了我们共情目标的范围。不过，二者也展示了我们治疗能力的限
度。我们很容易对受到虐待的某个人心生怜悯，而很难对伤害他人
的恶棍产生同情。然而，从治疗意义上说，二者都需要共情，甚至
有时候需要认可他们的感觉。

　　精神分析和动力心理治疗中"共情"的概念的复杂性和范围要
求我们意识到，共情不仅有不同的用途，而且它对不同的人会产生
不同的影响。因此，必须采用如下双重的视角来看待共情：一个人
发展共情的能力和限度；共情对共情目标的影响。正如我们无法理
解每一个人那样，那些试图理解我们的举措对我们会产生不同的影
响。治疗领域有一种最常见的误解：关注和强调对他人的共情，以
为每个人都会作出类似的反应，并且反应都是积极的。那些希望占
他人便宜和 / 或打算伤害他人的人可能具有敏锐的共情能力。同样，
我们可能希望对其援之以手的人或许不允许我们闯入他们的内心世
界。共情的这种互动性要求我们不断地抵制还原主义和过分简化的
做法。随着最近镜像神经元研究激发了人们对共情的兴趣，以及共
情这个概念在非人类灵长类动物中的应用，精神分析澄清这个单词
对这个学科的意义是尤为关键的。

第15章

自体心理学与失败

　　尽管本书记录和描述了各种各样的失败案例，从而表明失败绝对没有单一的起因，但是，有些案例既极好地展示了失败的明确起因，又极好地解释了许多分析师和治疗师不愿意展示和讨论失败案例的原因。采用自体心理学所提供的理论来对此类案例做最好的解释，这要么是出于作者的偏爱，要么是事实本来如此。

　　当今的精神分析思维强调，在儿童的正常发展中，儿童赋予了父母解决所有的问题的能力，并使世界成为一个安全和快乐的地方。在此类思维中，"理想化"这个概念是一个颇为稳固的基本原则。随着儿童认识到父母的局限性，从而自己承担起解决问题并使世界成为安全的和快乐的地方这种责任，正常的发展使儿童得以逐渐地和非创伤性地消除这种理想化的状态。儿童是随着时间流逝来对"理想化"的父母作出切乎实际的评估，如果失望的影响是容易控制的、可以接受的和较少导致暴怒的，那么这个过程被界定为非创伤性的过程。当然，这个最佳的过程基本上是一个具有特定的理想破灭阶段的过程，对处于发展阶段的儿童来说，它时时刻刻充满着潜在的创伤。此外，父母一方或双方经常勉为其难去努力控制他（她）由于未能达到儿童的全部期望而产生的挫败感，这也是他们不愿承认的个人缺陷。

理想化和去理想化的过程有许多派生的形式，这包括伪理想化——带有嘲弄的意味；过分看重微不足道的东西，以及与创伤性去理想化相关的各种形式的病理。下面举例来说明后一种情况。

案例

斯蒂芬（Stephen）在经历了许多心理治疗师令人失望的治疗之后，找了一个新认识的社会工作者来进行治疗。这个特别的心理治疗师似乎对斯蒂芬更加关心和更有兴趣，所以治疗看起来比其他治疗更有希望。斯蒂芬有一段悲惨的生活经历，在他还只有两岁时候，他就被迫与母亲分离。其时，与他分居的父亲发现，他的母亲在很长时间内都没有给年幼的儿子提供食物或换上干净的尿布。他的父亲让他自己的父母来抚养斯蒂芬，而后者拥有颇为殷实的家底，也特别乐意照顾他。许多年过后，斯蒂芬才再次见到他母亲，其时她已入住精神病医院，并且几乎不认识或不记得他了。

富裕的祖父母抚养斯蒂芬的过程并不是特别顺利，因为他被指定为一大笔财产的继承人，从而被他所描述的一群眼红的亲戚包围。在这种新开展的治疗中，钱财是个核心问题，而这个身为社会工作者的心理治疗师很快就认识到这点，并且意识到他自己对这个病人的评价——他声称打心底地喜欢他。

　　斯蒂芬经常向他的治疗师主诉有焦虑和失眠症状，一再请求转诊给精神科医生进行药物治疗。这位治疗师在向督导师汇报这个案例时，承认自己对斯蒂芬的请求有些怠慢，在很长时间后才把他转介给一位自己不认识，而仅仅听同事说起过的精神科医生。斯蒂芬与这个医生的会面是值得我们注意的，因为斯蒂芬总是说需要药物治疗，而这位身为社会工作者的治疗师却迟迟不愿回应这个问题。斯蒂芬将这个消息告知治疗师，后者只能同意并对自己不能开药表示抱歉。案例的督导师询问治疗师，他对自己无法开具处方或不具备开具处方的能力有何感受，治疗师坚持说，他的脑海中从未冒出过这种想法和野心。当督导师向治疗师追问，斯蒂芬对他的治疗师的缺陷、不足或局限的这个特定领域有何感想，他回答说，斯蒂芬对治疗师怀有一连串愤怒而激烈的想法。

　　我们可以设想，斯蒂芬的治疗师未能恰当地照顾他，再现了斯蒂芬的母亲在他很小的时候未能很好地照顾他这种情况。治疗师未能成功地"收养"他，使得这个词带有斯蒂芬童年时期的被收养所具备的多重含义。治疗师并没有对斯蒂芬体验到的具有创伤性去理想化的特征的暴怒进行诠释，相反，他允许使自己成为失败的真实写照。他自己的反移情似乎妨碍他去体验自己的愤怒——因为他是一位作为社会工作者的临床医师，所以面临无法开具处方这样的局限性，他为此而感到愤怒。此外，他也对他转介的精神科医生心生愤懑，因为这位精神科医生选择和这位倒霉的治疗师抗争，以此来凸显自己的意义。

　　如果病人与理想的父母之间的关系遭受突然的和往往无法理喻的干扰，那么病人往往会表现出暴怒的行为，并且其自体会继续处于脆弱不堪的状态。后者往往表现为糟糕的自体管理和容易混乱的自体整合。心理治疗师可能将此类病人视为内心满是悲伤的人，可能会采取某种立场，旨在以某种方式来修补他（她）所遭受的创伤。一旦走上这条路，就难以确定这种补偿效应的可接受的和可容忍的界限。在这个儿童（童年时期）看来，他的父母对他自己完全漠不关心，他也无法忍受抚养中正常的和意料中的局限。我们从此可以看出，这个儿童有许许多多的失望，并且不出所料地被归咎给失败的父母。那些渴望大展身手的治疗师往往未能认识到这种不可避免的失败，也无法对其进行诠释。

操作理论

科胡特的《自体的重建》一书中有一个有趣的脚注，比较了经典的弗洛伊德式方法与他自己的方法，而精神分析师往往通过前一种方法去了解病人童年时期的情况。他提出，弗洛伊德认为，临床上的移情是对童年经历的重复，而自体心理学则指出，移情是指遭到挫败的架构建设的重新激活。因此，自体客体移情是自体与其自体客体之间一种新版本的关系，它使自体得以继续发展。

尽管有着各种各样的诠释，但是这个脚注似乎表明，在精神分析或心理治疗中会产生新的发展性体验，而不是简单地从情绪上重新体验创伤，并随后重整旗鼓和接纳一个人的成长史。对这个脚注有多种误读，这包括使治疗成为养儿育女的一种形式，还有各种各样的旨在对病人遭受的苦难进行补偿的治疗。如果自体的重新发展的确需要一个人在场或充当某种脚手架的角色，那么这是否意味着治疗师必须"成为某个事物"？单纯地重新体验一个人的童年中经常出现的暴怒和失望，这本身并不具有修复功能。难道不是必须有人对病人作出补偿吗？尽管有人知道你饥肠辘辘，但是这本身并不能让你果腹充饥。一方面要意识到暴怒并对导致暴怒的失败进行道歉，另一方面通过跨越界限的行为（例如，像个更好的父母那样行事）来对这个失败进行补偿。我们一定要将这二者区分开来。

格黑瑞（2009）精彩地回顾了那些与精神分析的自体心理学过程相反的观点。他将"恰到好处的挫折"（optimal frustration）的观念比作"最佳满足"（optimal gratification）的观念，并将后者比作各种各样的"关系"技巧，此类技巧作为各种形式的分析性治疗而被发展和普及起来。他觉得"对关系的重视妨碍了人们去深入地探讨古老的自体状态的无意识的和分裂的维度，因为重点在于保障当下的关系"（p. 47）。因此，格黑瑞觉得，最佳满足导致对精神分析师的多种形式的去理想化，并且随后往往并未对其进行分析（p. 39）。尽管科胡特（1971，pp. 2-37）详细地讨论了关于理想化的分析，我们此处强调的重点与早期创伤性去理想化有关，因此，不会试图去回顾被科胡特做了最好解释的那个过程。

非创伤性去理想化

　　向父母赋予全能和全知的角色，这最初给儿童赋予舒适感和安全感，从而为逐渐形成的自体提供了稳定的和可靠的体验。自体通过与理想化的他者形成依赖的和联结的关系而变得强大和更加整合。据说，一旦儿童说谎而没有被父母识破，儿童便觉得父母并非是全能的，也无法看穿儿童的心思。这除了使儿童获得自豪感和掌控感之外，还开启了理想化的父母的幻灭之旅（Kohut，1984，pp. 71-72）。接踵而至的失望和对父母的局限的承认绝不会导致儿童与父母发生决裂，而是使儿童通过合适的目标和目的来对父母进行内化。科胡特主张，与阶段相宜的内化为人格建立了两个永久的核心架构：心理的中立化的基本架构与理想化的超我（Kohut，1977，p. 40）。我在另文写道，儿童与理想化的父母之间的关系使儿童从内心感到可预测性、可靠性和稳定性（Goldberg，1988，p. 68）。逐渐内化过程的失败会容易导致儿童形成弥散性的自恋人格并不断地寻求这个原始的理想化他者。

创伤性去理想化

　　洞见或重新扮演父母的角色能否解决理想化的不充分和有缺陷的发展？为了解决这个问题，我们提出另外一个临床案例来予以说明。

案例

　　莉迪娅（Lydia）像斯蒂芬那样，基本上是一个遭到忽视和缺乏照顾的孩子。她的母亲长期酗酒，而据说她的父亲消极无为，无法或不愿意费周折来确保他的女儿得到合适的照料。莉迪娅也像斯蒂芬那样，拥有颇为丰富多彩和混乱不堪的精神病史，这包括多重诊断和长期住院治疗。莉迪娅似乎从未能够在职业领域开辟自己的一片天地，也没有成家，也从未找到一份工作。她生活中的主要联系对象是各种各样的男性服务员或那些满足她在购物、驾车、园艺等方面需要的女性。不过，莉迪娅也接受了心理学家和精神药理学家等专业人士提供的心理健康服务。她往往对此类服务的质量感到不满和不悦，不过，有一天莉迪娅发现了一位精神科医生似乎对她特别感兴趣，甚至乐意为她作出奉献。每当莉迪娅有需要的时候，这个治疗师就会来给她看病，并且允许她在觉得有必要时打电话给他，甚至为了便于给她治疗而修订了他自己的休假计划。尽管莉迪娅对这个治疗师贴心的服务既感到满意又感到困惑，但是她充分享受这种情况，保持与治疗师的亲密和享受其的照顾。不过，尽管她进行了颇为紧锣密鼓的治疗，但是她依然孑然一身和一事无成，她开始对这种情况感到不满甚至愤怒。她对这位治疗师的愤懑愈来愈强烈，而后者无法完全理解莉迪娅为何感到不满。最终，莉迪娅如她之前辞退许多其他的治疗师那样，辞退了这位治疗师，并重新物色了一位治疗师进行治疗，而后者很快对莉迪娅的治疗设置限制，完全屏蔽了她的来电，并设定了严格的时间表。

新治疗师很快就注意到莉迪娅的生活有这样一种重复的模式：她在感到失望之后，会表现出暴怒和强烈的绝望感。莉迪娅会为一件完美的外套而长时间地和不辞辛劳地逛商场，向售货员详细地咨询，直到她物色到自己想要的衣服，可是收货时才发现完全弄错了。莉迪娅不仅不得不去退回这件外套，而且会对售货员发火，从而使这次糟糕的购物体验雪上加霜。这位新治疗师决定为莉迪娅提供新发现的理解和诠释，她等莉迪娅讲述完她最近一次特别糟糕的购物经历后，她才开始向她告知自己的洞见。还等不及她解释完毕，莉迪娅就宣称自己能够看出，治疗师就一直巴望着她一直讲一直讲，直到告知治疗师自己的想法，因而治疗师其实并未倾听她所讲的故事。而无论莉迪娅所说的真实与否，治疗师在倾听她说话时没有做好。因此，这位本来有希望解决问题的新治疗师被辞退，落得了与那些失败了的治疗师相同的下场。

斯蒂芬和莉迪娅的治疗师都觉得他们自己失败了。斯蒂芬的第一位治疗师为自己的失败而道歉，而他的第二位治疗师遭到了病人狂泻的怒火的攻击。莉迪娅的第一位治疗师竭尽所能地提供关心和支持，以帮助病人治愈因遭受忽视而带来的创伤，而她的第二位治疗师则认为，解释和设置限定或许会产生疗效，不过这两位治疗师的措施似乎并未特别见效。斯蒂芬和莉迪娅都在童年时期遭受了创伤，而洞见和／或补偿似乎都无济于事。其实，此类病人所遭受的发展性创伤是前言语阶段的创伤，因而言语加工不会对其产生直接的影响。莉迪娅的第一位治疗师采取了一系列措施来促使莉迪娅感到自己被人关心。斯蒂芬既需要药物治疗，又需要自己所受的委屈得到他人的承认。但是，这两位治疗师的措施都没有表现出持久的疗效。每一位治疗师都在努力面对破灭的希望与不可避免的失败。

通过回顾这个脚注所作出的如下区分：童年的回忆所带来益处与重新启动的发展所带来的益处，我们或许能够开发出一种合适的技巧，它既不会以最佳满足的形式进行补偿，也不会对最近回忆起的经历进行诠释。恰到好处的挫折的要点在于，失望是真实的、可以忍受的和有利于架构建设的。因此，治疗师必须承认他（她）失败了，而用不着道歉或否认，但是需要努力探讨相关的愤怒，并用文字表达出来。第一个未被发现的谎言使儿童继续与难免犯错的父母保持联结，进而与理想化的父母进行内化和认同，同样，发展性过程必须通过难免犯错的治疗师被重新激活并继续进行。概而言之，这个令人颇为苦恼的情况是这样的：分析师或治疗师必须承认失败，不为失败道歉，不为失败提供补偿，不试图为失败辩解，而是接受失败的存在。只有这样，才能根据那充满着既无法控制又没有予以讨论或得到承认的失败的童年来进行诠释。

心理治疗或精神分析中不可避免的失败往往为人们所责难和怪罪，因此难以被人们视为是必要的甚至是可取的。之所以需要对失败进行调查和分析，是为了消除失败而不是招徕失败。将失败视为治疗中一个值得期盼的时刻，这往往意味着失败的性质或为失败所承担的责任基本上是不相干的。对失败的分析往往旨在瓦解它，从而将它从发展过程中清除。

讨论

精神分析师和心理治疗师会犯许多错误。他们有时候开展治疗太晚，或结束太早，或收费过高或过低。他们说错话，或不说正确的事情。他们往往会道歉或解释。有时候，他们会否认或为自己辩护。或许更为常见的是，他们对错误进行讨论、诠释和分析，并且因此而获益。然而，病人基本上有这种需要：治疗师或分析师犯错，认识到他们错了，并且意识到并体验到一个理想化的人物的失败到底意味着什么。一方面病人需要激发治疗师的失败感，另一方面那些觉得自己失败了的治疗师会感到极为不舒服。需要注意的是，病人未必希望整个治疗都失败，而只是希望治疗师或分析师成为一个失败者。这也不应该被解读为一种试图挫败治疗的举措，而是表明病人必须将其意味深长的童年经历告知治疗师。毫不奇怪，前言语阶段发生的创伤性失败必定是行为的情景而不是言语的情景。

　　正如一个经历过早期创伤性去理想化的病人需要在治疗中创造或再创造那种体验的仿制品那样，他（她）也希望重新开启纠正性发展之旅。所寻求的"遭到挫败的架构建设的重新激活"（Kohut，1977，p. 173）所面临的最大障碍就是那些无法容忍犯错的分析师或治疗师出现的反移情。那些给这个行业提供动力的拯救幻想妨碍了他们对创伤性去理想化进行分析。幻想破灭的病人发泄的暴怒自然会使分析师或治疗师感到愧疚，从而激发各式各样的反应，这包括希望对病人进行补偿、因遭到指责而发怒以及彻底否认自己有错。面对声称他们无能这样的指责，他们是难以保持中立的立场的。

　　为了支持那种对"最佳满足"持反对态度的立场，应该明白的是，任何旨在为治疗师的错误进行道歉或补偿的活动，都不利于对那个或许似是而非的必需的错误进行分析。发展性过程由特定阶段的非创伤性失败而开始，而不是通过因必须出现的错误而导致的任何形式的姑息或满足而开始。

过程

　　所谓的重新扮演父母角色的体验或纠正性情绪体验的本质，是向病人提供一种与其童年关系显著不同的关系，而童年关系被认为是导致病人在成年阶段出现病理的原因。据说这种纠正性的新体验旨在舒缓过去的创伤。经典精神分析的精髓就是，出现那种重现童年经验的移情，而此类经验的重现所带来的洞见导致人们掌握成人阶段的病理。自体心理学对这种经典立场进行了修正，提出要创造一种氛围，促进自体发展继续进行。

发展过程的重新激活并不需要特定的技术活动，因为诠释这个行为本身就涉及这个序列：共情联结之后出现共情破裂或中断（Kohut，1984，p. 172）。随着分析师或治疗师向病人让渡自体理解这个职责，这个系列代表了一种架构建设的内化过程。通过这种方式，麦克斯所极力拥护的经典弗洛伊德式的立场得以维持其基本的技术运作，而其范围因科胡特的自体心理学的洞见而得到扩充。当然，从创伤性去理想化转向特定阶段的非创伤性去理想化，可以被视为纠正性的举措，而持续的共情和洞见都是治疗过程的重要组成部分。

心理治疗和精神分析中的某些失败案例必须被视为童年经历的必要的重演，也是自体客体失败的一种移情现象。反移情立场需要对此类移情结构予以承认和接纳，而这往往被治疗师以否认、道歉甚或补偿的形式进行抵制。此类反应随后被各种形式的理论修改进行合理化，关于它们的分析被打断，以便维持拯救幻想和避免失败带来的不适之感。负面的移情结构往往精巧地表达了那些被视为微不足道的错误的事情，从而使它们自己易于被实际地争论和讨论，以便驱散这种不适之感。在理论上需要一种关系或某种形式的互动，这或许能够予以解释，从而再次避免治疗师去接受失败。而只有接受失败，才能根据早期创伤性去理想化对失败进行恰当的分析性考察。

第 16 章

失败的未来

　　在关于失败的研究中有一个无法回避的事实：主要问题都集中在两端——一方面很多病人未能开展任何形式的有意义的治疗；另一方面很多病人最终被归入无法治疗的类别。如这本书部分章节中所强调的那样，在某些形式的治疗中，病人的流失率高达67.3%，但是，由于无法治疗性在很大程度上取决于所研究的特定形式的治疗，所以现在无法获取相关统计数据。我们在前面一章中指出，某些治疗师提议，考虑对所有的病人实施精神分析，而不预先判断这是否合适。对其他形式的治疗来说也是如此。就从未真正启动任何治疗的病人而言，与那些获得了处方但并未取药的病人或那些取药了但并未服药的病人的数目相比也存在明显类似问题。有许多逸闻趣事对此类过失进行了解释，这包括"我什么事儿都没有做就感觉好多了"，"我就是不相信那个医生"，等等。尽管这或许能够解释这种现象，但是除此类逸闻趣事之外，没有人开展大规模的研究。安慰剂效应的确能够对很多此类奇迹般的改善现象作出解释，而某些直接的移情反应也无疑能解释其他现象。金钱总是一个重要因素，因为减免费用就能显著地降低流失率。这当然与许多根据疗效对收费进行合理化的举措是相违背的。总之，不容否定的是，许多可能从心理治疗或精神分析获益的病人因种种原因而未能获益，这包括得不到这样的服务、无法承担费用以及各种各样的心理学因素。我们应该把更多的注意力放在后者身上。也有大量的基于逸闻趣事的证据表明，某些潜在的病人更可能向神父、牧师或犹太拉比而不是向心理治疗师或精神分析师寻求帮助，现在为治疗师开办了一个宗教培训班来满足这种需求。然而，大量的未得到治疗的病人并未得到研究或鲜少有人关注。

　　既然存在没有接受过任何形式的心理干预的潜在病人这个类别，那么存在早前讨论过的一类病人：以某些方式中止治疗的病人。当我们试图确定几次治疗能否算得上一个货真价实的疗程，短期治疗与长期治疗这样的区分能否当作指南来决定治疗何时被视为中止时，我们发现自己往往茫然失措。精神分析领域中的大量案例似乎属于这种类别（例如，"病人干脆中止治疗"）。一项关于长期心理治疗的研究表明，导致病人改善的显著因素并非治疗时间的长短，而是治疗的次数（Leichsenring & Robung，2008）。当然，关于此类统计数据的合理解释，存在各种各样的猜测，但是关于病人为何流失、中止治疗或未能从精神分析还是心理动力学的心理治疗中获益，尚无多少研究。与此类信息匮乏形成鲜明对比的是，关于长期心理治疗的效果（Leichsenring & Robung，2008）、各种形式的治疗的成本-效益（Lazar，2010）以及精神分析的持久效果等方面的研究越来越多，这也不足为奇。但是，就关于失败的严格研究来说，这未免过于简陋。失败像同一窝生下来的最小仔畜那样，其实需要更多的关注而不是忽视。如我希望并已经表明的那样，这种忽视是由我们的否认和缺陷所导致的，而对失败予以更多的关注或许会给我们带来令人惊喜的回报，至少我们希望是如此。

在那些未能启动的失败案例的另一端，就是那些因或多或少被视为无法治疗而被放弃的日积月累的案例。为了进一步领略我们精神病学同行古雅的语言学措辞，我们可以设想下面的情景：假如一个或多个病人有某种界限明确的心理问题，而某种特定形式的治疗对其有帮助甚或治愈其问题，接着对另外的病人采用同样的治疗，而无论什么时候开始，如果治疗失败了，那么这个不太走运的病人就被归入难治性的类型。当然，只有当任何可以想象到的治疗都失败时，这个病人才能被称为"难治性"的病人。

就心理治疗和精神分析而言，情况似乎迥然不同，而词汇也完全不同。对后者来说，无法分析的病人和虽然被成功分析但没有明显变化的病人被统称为表面上没有变化的失败案例。每一个关于什么是可以改变的和什么是无法改变的观点，的确亟需进一步研究。只要目前的状态主张，每位病人都必须被分析，直到我们能够识别那些导致成功治疗的"调节因子"，那么精神分析似乎无法对病人作出如下区分：无法启动分析的病人与那些在成功终止分析前中断分析的病人；无法启动分析的病人与那些经过成功分析而其症状没有舒缓的病人；无法启动分析的病人与那些被成功分析的病人。然而，精神病学和精神分析之间不仅存在词汇方面的差异，而且对治疗结果也承担不同的责任。许多分析师认为上述时间上的考虑——开始、中断和终止，都取决于分析师，因为良好的或糟糕的"匹配"，称职的或不称职的执业者，甚或不明智的理论途径等都至关重要。背景中隐藏了两种极端的情况：精神病学主张"病人没有好转，这谁也怪不了"；精神分析师声称"这都是我的错"，这两者都是成问题的。

　　就对无法治疗性所采取的处理方法而言，心理治疗与精神分析是否迥然不同，这存在许多限定条件。此类限定条件与精神分析中看到的限定条件类似，并且基本上适用于本书中经常提到的这个议题——可治疗性或无法治疗性都取决于治疗形式是否适宜于病人的病理。最近关于被诊断患有边缘人格障碍的病人的心理治疗研究指出（Kernberg，1999），我们需要更加明确地采用特定的技术来治疗特定形式的病理。精神分析的治疗行为障碍的某些领域也可以见到这种情况。当然，总是有人声称，精神分析或心理治疗的某种理论或技术具有疗效，但是，我们看不到治疗的特异性，比如说，一种特定形式的心理动力学干预在边缘人格障碍治疗方面的特异性。终极目标应该是采取措施去更加准确地确定哪种治疗对哪种障碍最为有效。许多执业者根据可观察的现象来阐述诊断类别，比如说，建构诊断手册，这可能更加有利于在病理学与治疗之间建立更紧密的联系。

　　在心理治疗领域，或许没有哪一项研究中的无法治疗性能比自杀研究中的无法治疗性更加触目惊心，也没有哪一项研究的结果比关于自杀得逞的研究结果更需要研究。我曾经参加一个会议，某个致力于研究有自杀倾向的病人的医疗组成员展示了他们的基本信念：只有坚持不懈地和经常重复地向他们的病人传递“我们不希望你自杀”这种信息，才能收获疗效。他们觉得，这种交流中和了病人生命中那些恰好表达了相反意义的信息。尽管我不了解他们成功率的统计资料，但是他们的口头禅可能揭示了我们所讨论到的许多治疗师和分析师普遍存在的反移情问题（见第十三章），这包括那些对有自杀倾向的病人进行治疗的治疗师和分析师：病人希望使某人认为自己是失败的，而某人反而拼命地想证明他的成功。这模仿了痛苦的去理想化过程，而后者是许多父母无法忍受的。在我所参加的会议上，它被定期地实施，而不是被诠释。精神科医生、心理治疗师或精神分析师会说"我们已经竭尽全力，这怪不了任何人"，试图以此来安慰自杀身亡的病人的凄凉的父母，而后者有时恰当地猜想到，这位病人试图让其父母意识到和承认失败的感觉。

或许，拥抱失败将会最终导致对它的理解。尽管这种观点看起来诡异，失败的定义并非单纯是成功的反义词。有时候失败是不可避免的。有时候它是理所当然的。它总是需要我们去直接面对。

为了以不同寻常的甚或乖张的方式来思考失败，有人可能会问"什么样的环境会导致失败盛行？"失败在僵化的和不灵活的环境中发展得最好，因为它们不愿意去或只能迟缓地适应变化。在诸如时间、频次、方法等应用领域，都会表现出此类僵化的现象。某些病人或许需要与治疗师进行更长时间的或更短时间的交流，或适用于特定的治疗流程。需要注意的是，频次的变更不要被视为仅仅是或主要是偏离了正确的程序，因为偏离这个观念的引入本身就开始表明治疗偏离了正常轨道，而不是表明某个特定的病人最适合于采取什么样的治疗。治疗师意识到病人的需要并满足他们，不应该被视为是一种局限或一种反移情问题，而是更应该被视为坎特罗威茨（Kantrowitz，1995）所说的"合适匹配"的体现。然而，匹配不仅仅与治疗师或分析师的个人特质有关，而且涉及诸如克莱因派或科胡特派那样的特定的思想流派，以及认知行为疗法或药物治疗的使用。固守亘古不变的信念系统，这往往是酝酿失败的温床。

可能会导致失败的另一个领域就是治疗师和病人双方的野心。

正如我们所指出的那样，绝望会导致想自杀的病人的毁灭，同样，希望也会导致急切的病人或治疗师的毁灭。我们的拯救幻想既会促使我们付诸努力，也会使我们对现实的局限视而不见。在期望值爆棚的氛围下，特别容易出现失败。精神分析的过于理想化——曾经被视为"如果你能够做就必须做"，就是治疗并非为了病人的最佳利益的好例子。某位分析师或治疗师认为最好的方案，对某个给定的病人来说并非如此。我们有时会听到如下内容："在理想情况下，这个病人应该每周进行四次治疗，并且持续多年。""理想情况"这个词的运用揭示了隐藏的野心，而不是对病人的需要进行仔细的评估。在没有关注病人明显的失望情况下，往往难以将一个人的自体与好的、更好的和最好的治疗的内部评价系统分离开来。

治疗的时机也是导致治疗最终失败的一个极其重要的因素。我们往往在错误的时刻决定病人的最佳形式的治疗或分析。因为我们难以在合适的时刻全面地考虑病人、治疗师和治疗形式这几方面的因素。由于缺乏关键的成分，所以治疗往往会在最终证明是错误的时机被催促甚或强迫进行。令人难过的是，即使我们能够意识到这种特定的灾祸，也往往是事后诸葛亮。幸运的是，类似成分的其他举措可能在其他时刻获得成功。就病人以及治疗师或分析师"准备就绪"而言，我们的个人欲望往往开始影响我们对这种准备就绪的感知。

当然，在一个可能的或注定的失败中，精神分析或心理治疗中的其他方面也是需要考虑的重要问题，但是此处最后需要考虑的是，对包括病人的家庭、朋友、社会阶层等因素在内的更广泛的生态系统的考察。我们都知晓心理治疗或精神分析中的"涟漪"效应，我们也意识到这个事实：一位病人的积极改变会引发他（她）周边的人发生相应的积极变化。涟漪效应的反面就是所有抗拒变化的力量，它们妨碍了精神分析或治疗的继续展开。我们往往会在诊断和预后中，集中关注病人的一个可取目标的有利因素和不利因素，而往往会忽略或忽视那些导致失败的力量。在进行任何治疗时，我们必须意识到稳定程度不一的系统将会对干预进行抵制。当现状受到威胁时，它会对威胁产生相应的逆反应。有时候，对治疗失败的需要或许来自不太可能的来源——那些最初对治疗相当支持的来源。

就失败可能被视为成功的反面而言，失败和成功都具有使它们各自达到最终目的地之相同的要素或成分。比如说，在对失败和成功进行分析中，必须考虑配偶的支持或劝阻、症状舒缓与继发性获益以及许多二元对立的因素。人们倾向于忽视或否认失败的可能性，这是导致失败最终出现的最大导火索。如果失败被视为成功的一个平等的合作伙伴，那么它可能重见天日，从而供人们作进一步的审查和分析。

在心理治疗或精神分析领域以及它们的一系列流派和理论中，也可以见到潜在病人的家庭或支持系统中存在同样的鼓励或攻击。正如精神药理学家喜欢对那些在精神分析中未见疗效的病人进行药物治疗那样，精神分析师也为认知行为治疗的失败而感到高兴。我们如果分享在对我们自己的失败进行调查时所遇到的令人兴奋的事情，那么我们或许都会获益。毫无疑问，认知行为治疗可能对那些采用其他心理治疗而未见疗效的病人有帮助。在停止多种药物治疗的同时对病人进行心理治疗往往会对他（她）有利。实际上，此类逸闻趣事应该成为深入研究的号角声而不是对失败案例的非难，我们领域中最大的疏忽就是忽视了那些似乎不起作用的东西。欣谢尔伍德（Hinshelwood）在其极具预言性的陈述中说，"我们没有一个偶尔会失败的理想模型，而有一个根本会失败的模型"（p. 216）。所有被采用去治疗心理障碍的模式都铭记这个陈述，这或许是明智之举。某些治疗模式对某些人有效，而某些治疗模式对其他人有效，但是对某些人来说，所有的治疗模式都终归失败。我们固守某些治疗模式，这或许会导致我们对此类区别视而不见，而只有失败才使我们得以睁大眼睛去看清事实。

过滤过程

正如艺术家被建议去"售卖你所创造的艺术品"那样，商人被告知"售卖你所制造的货物"。同样地，精神分析师和心理治疗师也按行规做买卖。拉康派精神分析师的工作方式与科胡特派精神分析师的工作方式不同，而每一个人基本上根据他的培训和技能的背景来执业。如果我们追随病人寻求某种形式的心理帮助的途径，我们可以建构这样一个途径——由过滤过程构成，假想中的病人通过一系列推荐的治疗。

我们的第一位病人叫劳拉（Laura），她患有抑郁症，向初诊医生求助，而后者给她开了抗抑郁剂。如果治疗成功，那么这个流程到此为止。如果治疗失败，那么医生向她推荐另外一种治疗。劳拉的朋友向她推荐了一位心理治疗师，而后者或许会坚持采用认知行为疗法或各种其他的疗法。正如抗抑郁剂治疗那样，如果治疗成功，流程就到此为止。不过，失败往往会导致另外一种形式的治疗。劳拉接受了一系列治疗干预，而其中没有哪一种治疗可以声称更为卓越或更为重要，除非它们对劳拉有效果。让我们现在设想，劳拉的另外一种治疗也失败了，直到她被转介去做精神分析。这里有各种各样可能的着力点，视精神分析师所采用的特定的流派和所持的信仰而定。然而，另外的失败也可能导致劳拉被转介至另一位治疗师或分析师。随着劳拉被转介，这种过滤程序就清除了某些特定的可能性，每一步都清除了失败的治疗。

　　当然，我们也可以轻松地逆向看待假想的劳拉的治疗轨迹，她经过一系列心理治疗，最后通过服用抗抑郁剂而产生疗效。在走向成功的路上，并没有必须的和规定的路径，而在这个过程中任何一点都可以出现失败。治疗或许会在一开始就获得成功，也或许会在经历一系列失败后才会成功。

　　虽然劳拉最后拜访的精神分析师可以轻易声称，大部分病人是"预选"的，因为他们在进门前经历了一系列评估并收到了许多建议，绝大多数其他治疗流派的精神分析师也可以这样做。劳拉通过一个过滤程序，希望最终找到一种有效的治疗。她身边的治疗师极有可能不清楚他们自己在此类一系列步骤中所处的位置，因为另一位病人或许会做一个单一的变更，而其他病人或许永远无法实现令人满意的目标。某些病人遭遇一个又一个失败，直至最后获得成功，而某些病人则没有成功。

治疗领域中存在这种假想的过滤程序，这包括所有现存的治疗模式，比如说，精神药理治疗、团体治疗以及各种各样的心理治疗和精神分析。它们都存在失败。治疗中也会存在失败，比如说，开错药和体验到无法分析的移情结构；治疗之外也存在失败，比如说，从失败的心理治疗转移到成功的团体体验。荣格派精神分析会因治疗师没有意识到自恋性移情而失败，同样地，经典的精神分析会因分析师无法共情而失败。因此，失败有时在治疗本身的应用中出现，而有时是在应用不当中出现，因而并不是治疗本身固有的。

过滤过程存在明显的问题，因为它不容易获得清晰性：药物或许起一点作用，向某人倾诉的确使人感觉更好，诸如"我真的感谢团体的支持"等，不一而足。失败或成功的标志要么不存在，要么被忽略。精神分析师鲜少推荐病人使用认知行为疗法，正如精神药理师鲜少与精神分析师紧密合作那样。合拍的合作当然也存在，但是凤毛麟角。

过滤过程存在的另外一个显著的问题就是，病人在系列过程中的状况是不明不白的。假如有人提议，每个人都进行精神分析，以此发现那些导致成功治愈的因素，这种想法肯定是愚蠢的，一如让每个人去服用抗抑郁剂来确定哪些药物生效那样。一个无法逃避的事实就是，精神分析对某些人来说是相当有效的，正如认知行为治疗对某些人颇为有效那样。然而，这两者的过程和结果之间都存在大量差异，而根据单一的结果所作的比较研究是空洞无物的。

正如劳拉希望自己的抑郁症得到舒缓那样，我们的第二位病人乔希（Josh）希望更深入地了解自己。因此，他忽视了许多据说无法有助于加深对自己理解的治疗。他的不满有些不同，因此他通过一个不同的过滤过程，并采用一套不同的临床实验和评估。然而，他的治疗过程与劳拉的类似，因为当他在最初的心理治疗失败之后进行各种精神分析时，他并没有明确的路径可走。的确，他的大多数治疗师或精神分析师都对他说，他们是最后的和正确的落脚点。劳拉发现不同形式的心理治疗之间存在隔阂，而这种隔阂在不同形式的治疗与精神分析之间也似乎存在。克莱因派的精神分析师不会将病人推荐给荣格派的精神分析师，而荣格派的精神分析师也不会将病人推荐给科胡特派的精神分析师。这有时是因为分析师对竞争表示藐视，但是更通常的情况是，他们对其他流派的精神分析师提供的治疗一无所知。

最后有个复杂的解释。尽管（在一个虚构叙事中），乔希认为劳拉的治疗因没有找到合适的精神分析师而失败，但是劳拉认为乔希是因为没有服药而导致他的治疗失败。我们还可以假设其他的情景：乔希坚信，劳拉因向她的精神药理学家移情而收获疗效，而劳拉则认为，乔希所提出的理解纯粹是一个子虚乌有的故事。唉，失败与成功依然是模糊不清的。过滤过程所能做的，只不过是描述现象，而并没有提供确定的解决方案。精神病学和精神分析的任务并非去描述一系列症状，而是去开发可治疗性的症群。

结语

　　毫无疑问，这本书是一个"失败"。它试图清楚地界定失败，但是以失败而告终。就列出所考察的失败的单个或多个的原因这个目标而言，它也从未实现。当然，就为如何避免失败或纠正失败而指点迷津这个目标来说，这本书是一次彻头彻尾地失败了的练习。总之，这本书未能产生和提供任何实质性的和可以同他人交流的信息。对许多此类问题的回答，基本上是闪烁其词而回避了核心议题。就定义而言，这本书乱扯一气，声称并无一致认可的定义，而这个词对不同的人来说具有很多不同的含义，某个人的失败可能是另外一个人的折衷方案或是成功。这本书仍未能提供明确的和令人信服的答案。至于失败的原因，本书提供了许许多多不确定的理由，这包括无知、无能和应用不当等，但是，这基本上还是语焉不详的烟幕弹。雪上加霜的是，这本书最后指出，对于本书未能完全恰当地予以解释的议题，期待其他人能够继续追求这份未竟的事业。太可惜了！

　　另一方面，这本书又可以轻飘飘地说获得了某种成功。它清楚地指出，"失败"这个术语是一个无法清楚地予以界定的词，因为它的含义会随不同的时间和不同的人而发生变化。它奠基在一个常模量表之上，而后者基本上是一种特定文化在特定时刻的建构。在过去同性恋被称为"病态"，而现在它是个人的性取向或倾向。某些病人的病情会好转，不管他们接受什么形式的治疗，也不管他们的治疗师是谁；某些病人的病情没有起色，不管他们接受什么形式的治疗，也不管他们的治疗师是谁。只要出现这种情况，追问"病因"就是缘木求鱼。我们既无法预测结果，也无法准确地确定病因。然而，我们能够而且应该更擅长于为病人选择相匹配的治疗。与其浪费大量的精力去仅仅描述一系列症状并给它们命名和编码，还不如花精力来研究那些可以拓宽我们视野的问题。这或许会使我们足够地熟悉各种治疗模式，从而使我们的最终目标偏向舒缓疾病而不是给疾病命名。

我在本书开头所说的那个病人让我感到失败，以我从他身上所获得的洞见来结束这本书是合适的。在对他进行分析的某个时刻，他努力揭示他看待教师的特定视角的根源和为此所作的解释。他坚持让我告诉他问题的答案，因为他对这个教师的评价明显是非理性的，而他似乎依然难以放弃和纠正。他的确将这比作他童年时期他父亲的形象，但是他想确切地知道，他为什么要坚持这种错误的想法。尽管我们能够提出形形色色的理论解释，比如说，黏稠的力比多、受虐狂、对终止治疗的焦虑等，但是我的确不知道如何去解决他的困惑。

他希望他的父亲（和我）承认失败，而我们对他的这个愿望的分析尚未被人完全理解，因为他与他父亲之间的复杂关系使我们不敢简单地认为他的父亲是个失败者。在他的记忆中，他的父亲多次让他的儿子（我的病人）做某些连父亲也无法处理的事情。然而，这位父亲总是需要确信，他是一位好爸爸。当我的病人坚持我向他提供答案时，我觉得我想避免那种强加给我的无能的感觉。当然，失败的阴霾开始再次降临到我头上，直到我意识到我的病人一再提出的问题未必有理想的答案。父亲尚不知如何去航海，就带上儿子去航海，这是荒诞可笑的。同样地，我需要认识到，只有作出承诺时，失败才能成为失败。即使我不知道全部的答案，我依然可以成为一个足够好的精神分析师。与其说病人的父亲是一个平庸的父亲、糟糕的父亲或无能的父亲，不如说他是一个有局限的并且无法坦然接受他缺陷的男人。然而，尽管有着良好的意愿，由于一个或多个局限而无法做某事，这难道不是某种形式的失败吗？只有这个父亲要求他的儿子向他保证，他是一个好父亲时，他才能算是一个失败的父亲。只有当我让自己成为病人所期望的那样，精神分析才会被开展并取得成功。

这本书或许只不过是"失败"情形的一个代表。关于失败的研究的一个显著特征就是对失败调查的抵制。人们对失败这种体验是如此的深恶痛切，乃至于经常忽视和否认它，或将它转移至别处。至少，这本书会让"失败"从黑暗中走出来，并且使它的在场得到承认。我们必须熬过足够悠长的失败岁月，从而使我们得以对自己进行客观的审视。我们不应该把感到失败仅仅当作我们摆脱失败的动力。感到失败，摆脱失败，学会在将来如何避免失败，或克服失败，这些都是完全合理的和值得追求的目标。最后，失败应该是一种机遇。这本书的成功，奠基在它对失败的拥抱之上。

参考文献

Abend, S. (2000). The problem of therapeutic alliance. In S. T. Levy (Ed.), *The therapeutic alliance* (pp. 1-16). Madison, CT: International Universities Press.

Adler, G. (2000). The alliance and the more disturbed patient. In S. T. Levy (Ed.), *The therapeutic alliance* (pp. 76-77). Madison, CT: International Universities Press.

Agosta, L. (2009). *Empathy in the context of philosophy*. New York: Palgrave Macmillan.

Alexander, F. (1964). Psychoanalysis revised. In *The scope of psychoanalysis* (p. 146). New York: Basic Books (Original work published 1940).

American Psychiatric Association. (2000). *The diagnostic and statistical manual of mental disorders* (4th ed., text rev.). Washington, DC: Author.

American Psychiatric Association. (Forthcoming). *The diagnostic and statistical manual of mental disorders* (5th ed.). Washington, DC: Author.

Araqno, A. (2008). The language of empathy: An analysis of its constitution, development, and role in psychoanalytic listening. *Journal of the American Psychoanalytic Association, 56*, 713-740.

Bacal, H. (1985). Optimal responsiveness and the therapeutic process. In A. Goldberg (Ed.), *Progress in self psychology* (Vol. 1, pp. 202-227). New York: Guilford Press.

Bae, S. C., Hashimoto, H., Karlson, E. W., Liang, M. H., & Daltroy, L.

H. (2001). Variable effects of social support by race, economic status, and disease activity in systemic lupus erythematosus. *Journal of Rheumatology, 28*(6), 1245-1251.

Baker, R. (2000). Finding the neutral position. *Journal of the American Psychoanalytic Association, 48*(1), 129-153.

Barlow, D. (2010). Negative effects on psychological treatment: A prospective. *American Psychologist, 68*(1), 18-20.

Basch, M. F. (1983). Empathic understanding: A review of the concept and some theoretical considerations. *Journal of the American Psychoanalytic Association, 31*(1), 101-126.

Bateman, A., & Fonagy, P. (2008). Eight-year follow-up of patients treated for borderline personality disorder: Mentalization-based treatment versus treatment as usual. *American Journal of Psychiatry, 165*, 631-638.

Benjamin, J. (2009). A relational psychoanalysis perspective on the necessity of acknowledging failure in order to restore the facilitating and containing features of the intersubjective relationship (the shared third). *International Journal of Psychoanalysis, 90*, 441-560.

Boston Change Process Study Group (BCPSG). (2008). Forms of relational meaning: Issues in the relations between the implicit and reflective-verbal domains. *Psychoanalytic Dialogues, 18*, 125-148.

Brenner, C. (1955). *An elementary textbook of psychoanalysis.* New York: International Universities Press.

Brenner, C. (1979). Working alliance, therapeutic alliance, and transference. *Journal of the American Psychoanalytic Association, 27*(Suppl.), 137-157.

Brent, D. A., Emslie, G. J., Clarke, G. N., Asarnow, J., Spirito, A., Ritz, L., et al. (2009). Predictors of spontaneous and systematically assessed suicidal adverse events in the treatment of SSRI-resistant depression in adolescents (TORDIA) study. *American Journal of Psychiatry, 166*(4), 418-426.

Brooks, D. (2009, October 13). The young and the neuro. *New York Times*, p. A31.

Cacioppo, J. T., Hawkley, L. C., Crawford, L. E., Ernst, J. M., Burleson, M. H., Kowalewski, R. B., et al. (2002). Loneliness and health: Potential mechanisms. *Psychosomatic Medicine, 64*(3), 407-417.

Caligor, E., Stern, B., Hamilton, M., MacCornack, V., Wininger, L., Sneed, J., & Roose, S. (2009). Why we recommend analytic treatment for some patients and not for others. *Journal of the American Psychoanalytic Association, 57*(3), 677-694.

Carroll, L. (1982). *Through the looking glass. In The complete illustrated works of Lewis Carroll* (p. 184). London: Chancellor Press (Original work published 1896).

Carruthers, P. (2009). How we know our own minds: The relationship between mind reading and metacognition. *Behavioral and Brain Science, 32,* 121-182.

Chessick, R. (1996). Impasse and failure in psychoanalytic treatment. *Journal of the American Academy of Psychoanalysis, 24,* 193-216.

Collins, S. F. (2003). *The joy of success.* New York: HarperCollins.

Cooper, A. (2008). American psychoanalysis today: A plurality of orthodoxies. *Journal of the American Academy of Psychoanalysis, 30*(2), 235-253.

Coyne, J. (2009). *Why evolution is true.* New York: Viking.

Delacampagne, C. (1999). *A history of philosophy in the twentieth century.* Baltimore: Johns Hopkins University Press.

Denberg, T. D., Melhado, T. V., Coombes, J. L., Beaty, B. L., & Berman, K. (2005). Predictors of non-adherence to screening colonoscopy. *Journal of General Internal Medicine, 20*(11), 989-995.

Derrida, J. (1985). *Margins of philosophy* (A. Bass, Trans.). Chicago:

University of Chicago Press.

deWaal, F. (2005). *Our inner ape: A leading primatologist explains why we are who we are.* New York: Riverhead Books.

deWaal, F. (2009). *The age of empathy: Nature's lessons for a kinder society.* New York: Harmony.

Doering, S., Horz, S., Rentrop, M., Fischer-Kern, M. (2010). Transference-focused psychotherapy v. Treatment by community psychotherapists for borderline personality disorder: Randomised controlled trial. *The British Journal of Psychiatry* (2010), 196:389-395.

Ellman, S. J. (2010). *When theories touch: A historical and theoretical integration of psychoanalytic thought.* London: Karnac.

Fink, B. (1997). *A clinical introduction to Lacanian psychoanalysis: Theory and technique.* Cambridge, MA: Harvard University Press.

Fink, B. (2010). Against understanding: Why understanding should not be viewed as an essential aim of psychoanalytic treatment. *Journal of the American Psychoanalytic Association, 58*(2), 259-285.

Firth, C. D., & Wolpert, D. M. (Eds.). (2004). *The neuroscience of social interaction: Decoding, imitating, and influencing the actions of others.* Oxford: Oxford University Press.

Fleming, J., & Benedek, T. (1983). *Psychoanalytic supervision: A method of clinical teaching.* New York: International Universities Press.

Fonagy, P. (1999). Memory and the therapeutic action of psychoanalysis. *International Journal of Psychoanalysis, 80*, 614-616.

Fonagy, P., Gergely, G., Jurist, E., & Turget, M. (2002). *Affect regulation, mentalization, and the development of the self.* New York: Other Press.

Freedman, L. (1969). The therapeutic alliance. *International Journal of Psychoanalysis, 50*, 27-39.

Freud, S. (1925). An autobiographical study. In J. Strachey (Ed. & Trans.), *The standard edition of the complete psychological works of*

Sigmund Freud (Vol. 20, pp. 7-76). London: Hogarth Press, 1959.

Freud, S. (1933). New introductory lectures on psychoanalysis. In J. Strachey (Ed. & Trans.), *The standard edition of the complete psychological works of Sigmund Freud* (Vol. 22, pp. 3-182). London: Hogarth Press.

Freud, S. (1957). The dynamics of transference. In J. Strachey (Ed. & Trans.), *The standard edition of the complete psychological works of Sigmund Freud* (Vol. 12, pp. 97-108). London: Hogarth Press (Original work published 1912).

Fried, E. (1954). Self-induced failure: A mechanism of defense. *Psychoanalytic Review*, *41*, 330-339.

Gabbard, G. (1994). Psychotherapists who transgress sexual boundaries with patients. *Bulletin of the Menninger Clinic*, *58*, 129-135.

Gallese, V. (2008). Empathy, embodied simulation and the brain. *Journal of the American Psychoanalytic Association*, *56*, 769-781.

Gedo, J., & Gehrie, M. (Eds.). (1993). *Impasses and innovation in psychoanalysis: Clinical case seminars*. Hillsdale, NJ: Analytic Press.

Gehrie, M. (2009). The evolution of the psychology of the self: Toward a mature narcissism. *Self and Systems*, *1159*, 31-50.

Ghaemi, N. (2010, February 26). What's wrong with the biopsychosocial model? Medscape Blogs.

Goldberg, A. (1988). *A fresh look at psychoanalysis*. Hillsdale, NJ: Analytic Press.

Goldberg, A. (1995). *The problem of perversion*. New Haven, CT: Yale University Press.

Goldberg, A. (1999). *Being of two minds: The vertical split in psychoanalysis*. Hillsdale, NJ: Analytic Press.

Goldberg, A. (Ed.). (2000). *Errant selves: A casebook of misbehavior*. Hillsdale, NJ: Analytic Press.

Goldberg, A. (2001). Me and Max: A misalliance of goals. *Psychoanalytic*

Quarterly, 70, 117-130.

Goldberg, A. (2004). *Misunderstanding Freud.* New York: Other Press.

Goldberg, A. (2007). *Moral stealth.* Chicago: University of Chicago Press.

Goldberg, A. (2010). On the wish to be invisible. *Psychoanalytic Quarterly, 79,* 381-393.

Grande, T., Dilg, R., Jakobsen, T., Keller, W., Kraweitz, B., Langer, M., et al. (2009). Structural change as a predictor of long-term follow-up outcome. *Psychotherapy Research, 19*(3), 344-357.

Greenson, R. (1978). The working alliance and the transference neurosis. In *Explorations in psychoanalysis* (pp. 199-224). New York: International Universities Press (Original work published 1965).

Hagoort, P., & Levelt, W. (2009). The speaking brain. *Science, 326*(5951), 372-373.

Hawkley, L. G., & Cacioppo, J. T. (2003). Loneliness and pathways to disease. *Brain, Behavior, and Immunity, 17*(Suppl.), 98-105.

Heidegger, M. (1946). *Being and time* (J. Stambough, Trans.). Albany: State University of New York Press. (Original work published 1927)

Hinshelwood, R. D. (2003). What we can learn from failures. In J. Rippen & M. Schulman (Eds.), *Failures in psychoanalytic treatment.* New York: International Universities Press.

Hoch, P. (1948). *Failures in psychiatric treatment.* New York: Grune & Stratton.

Hurley, S. (2008). The shared circuits model: How control, mirroring, and simulation can enable imitation, deliberation, and mind reading. *Behavior and Brain Science, 31*(1), 1-38.

Hyman, M. (2003). In J. Rippen & M. Schulman (Eds.), *Failures in psychoanalytic treatment.* New York: International Universities Press.

Inglis, F. (2009). *History man: The life of R. G. Collingwood.* Princeton, NJ: Princeton University Press.

Janicak, P., Davis, J., Preskorn, S., & Ayd, F. (2006). *Principles and practice of psychopharmacotherapy* (4th ed.). Philadelphia: Lippincott, Williams & Wilkins.

Jurist, E. (2010). Mentalizing minds. *Psychoanalytic Inquiry, 30,* 289-300.

Kantrowitz, J. L. (1993). Impasses in psychoanalysis: Overcoming resistances. *Journal of the American Psychoanalytic Association, 41,* 1021-1050.

Kantrowitz, J. L. (1995). The beneficial aspects of the patient-analyst match. *International Journal of Psychoanalysis, 76,* 299-313.

Kantrowitz, J. L. (1996). Follow-up of psychoanalysis, five to ten years after termination. *Journal of the American Psychoanalytic Association, 38,* 471-496.

Kernberg, O. (1975). *Borderline conditions and pathological narcissism.* New York: Jason Aronson.

Kernberg, O. (1999). Psychoanalysis, psychoanalytic psychotherapy, and supportive psychotherapy: Contemporary controversies. *International Journal of Psychoanalysis, 80,* 1075-1091.

Kohut, H. (1971). *The analysis of the self.* New York: International Universities Press.

Kohut, H. (1977). *The restoration of the self.* New York: International Universities Press.

Kohut, H. (1984). *How does analysis cure?* (A. Goldberg, Ed.). Chicago: University of Chicago Press.

Kuhn, T. (1970), *The Structure of Scientific Revolutions.* University of Chicago Press.

Lazar, S., editor (2010), *Psychotherapy Is Worth It.* Group for the Advancement of Psychiatry. Arlington, VA: American Psychiatric Publishing Inc. Lerner (2009), Minneapolis Star Tribune Website 8/21.

Leichsenring, F., & Robung, S. (2008). Effectiveness of long-term psychodynamic therapy: A meta-analysis. *Journal of the American Medical Association, 3000*(13), 1531-1565.

Lerner, M. "New data show depression's stubborn grasp in Minnesota." August 20, 2009.

Levy, S. T. (2000). *The therapeutic alliance.* Madison, CT: International Universities Press.

Mason, P., & Bartal, I. (2010). How the social brain experiences empathy: Summary of a gathering. *Social Neuroscience, 5*(2), 252-256.

Metzinger, T. (2009). *The ego tunnel.* New York: Basic Books.

Mitchell, S. (1988). *Relational concepts in psychoanalysis.* Cambridge, MA: Harvard University Press.

Mitchell, S. (1995). Interaction in the Kleinian and interpersonal traditions. *Contemporary Psychoanalysis, 31*, 65.

Nahum, J. P. (2002). Explicating the implicit: The local level and the microprocess of change in the analytic situation. *International Journal of Psychoanalysis, 83*, 1031-1062.

Neutzel, E., Larsen, R., & Prizmer, Z. (2007). The dynamics of empirically derived factors in the therapeutic relationship. *Journal of the American Psychoanalytic Association, 55*(4), 1321-1353.

New York Times, March 20, 2010, p. A9.

Ogden, T. (1982). Treatment of the schizophrenic state of non-experience. In L. B. Boyer & P. L. Giovacchini (Eds.), *Technical factors in the treatment of the severely disturbed patient.* New York: Jason Aronson.

Okrent, A. (2009). *In the land of invented languages.* New York: Spiegel & Grau.

Paolino, T. (1981). Analyzability: Some categories for assessment. *Contemporary Psychoanalysis, 17*(3), 321-340.

Parkes, C. M., & Stevenson-Hinde, J. (Eds.). (1982). *The place of attachment in human behavior.* New York: Basic Books.

Renik, O. (2000). Discussion of the Therapeutic Alliance. In S. T. Levy (Ed.), *The therapeutic alliance.* Madison, CT: International Universities Press.

Ricoeur, P. (1992). *Oneself as another.* Chicago: University of Chicago Press.

Rippen, J., & Schulman, M. (2003). *Failures in psychoanalytic treatment.* Madison, CT: International Universities Press.

Robbins, F., & Schlessinger, N. (1983). *Developmental view of the psychoanalytic process: Follow-up studies and their consequences.* Madison, CT: International Universities Press.

Rosenblatt, A. (2010). The place of long-term and intensive psychotherapy. In S. G. Lazar (Ed.), *Psychotherapy is worth it: A comprehensive view of its cost-effectiveness* (pp. 289-310). Arlington, VA: American Psychiatric Publishing.

Rosenblum, S. (1994). Report of a panel on analyzing the "unanalyzable" patient: Implications for technique. *Journal of the American Psychoanalytic Association, 42*(4), 1251-1259.

Rudolf, J., Grande, T., Dilg, R., Jakobsen, T., Keller, W., Oberbracht, C., et al. (2002). Structural changes in psychoanalytic therapies: The Heidelberg-Berlin study on long-term psychoanalytic therapies (PAL). In M. Leuzinger-Bohleber & M. Target (Eds.), *Longer term psychoanalytic treatment: Perspectives for therapists and researchers* (pp.). London: Whurr.

Ruti, M. (2008). The fall of fantasies: A Lacanian reading of lack. *Journal of the American Psychoanalytic Association, 56*(2), 483-508.

Schafer, R. (1968). *Aspects of internalization.* Madison, CT: International Universities Press.

Schafer, R. (1992). *Retelling a life: Narration and dialogue in psychoanalysis.*

New York: Basic Books.

Schwartz, B., & Flowers, J. V. (2010). *How to fail as a therapist: 50 ways to lose or damage your patients*. Atascadoro, CA: Impact.

Shedler, J. (2010). The efficacy of psychodynamic psychotherapy. *American Psychologist, 65*(2), 98-109.

Socarides, C. (1995). *Homosexuality: A freedom too far*. New York: Roberkai.

Stepansky, P. (2009). *Psychoanalysis at the margins*. New York: Other Press.

Summers, F. (2008). Theoretical insularity and the crisis of psychoanalysis. *Psychoanalytic Psychology, 23*(3), 413-424.

Thompson, J. J. (2010). *Normativity*. Chicago: Open Court.

Van Anders, S. M., & Watson, N. (2007). Testosterone levels in women and men who are single, in long-distance relationships, or samecity relationships. *Hormones and Behavior, 51*(2), 286-291.

Vida, J. (2003). In J. Rippen & M. Schulman (Eds.), *Failures in psychoanalytic treatment*. New York: International Universities Press.

Vivona, J. M. (2009). Leaping from brain to mind: A critique of mirror neuron explanations of countertransference. *Journal of the American Psychoanalytic Association, 57*, 525-550.

Wallerstein, R. S. (1966). The current state of psychotherapy. *Journal of the American Medical Association, 14*, 183-244.

Wallerstein, R. S. (1986). *Forty-two lives in treatment*. New York: Guilford Press.

Wallerstein, R. S., & Coen, S. J. (1994). Impasse in psychoanalysis. *Journal of the American Psychoanalytic Association, 42*, 1225-1235.

Wanderer, J. (2008), *Robert Brandon, Philosophy Now*. Montreal and Kingston, Ithaca: McGill-Queens University Press, p. 171.

Wispe, L. (1987). History of the concept of empathy. In N. Eisenberg

& J. Strayer (Eds.), *Empathy and its development* (pp. 17-37). Cambridge: Cambridge University Press.

Wolman, B. J. (1972). *Success and failure in psychoanalysis and psychotherapy*. New York: Macmillan.

Wood, D. (2002). *Thinking after Heidegger*. Cambridge: Polity Press.

Zetzel, E. (1966). The analytic situation. In R. E. Litman (Ed.), *Psychoanalysis in the Americas* (pp. 86-106). New York: International Universities Press.

.

图书在版编目（CIP）数据

失败的分析：对精神分析和心理治疗中失败案例的
考察 / (美) 阿诺德·戈德伯格 (Arnold Goldberg) 著；
陈幼堂译. -- 重庆：重庆大学出版社，2024.1
（鹿鸣心理. 西方心理学大师译丛）
书名原文：THE ANALYSIS OF FAILURE: AN
INVESTIGATION OF FAILED CASES IN PSYCHOANALYSIS
AND PSYCHOTHERAPY
ISBN 978-7-5689-4207-2

Ⅰ.①失… Ⅱ.①阿…②陈… Ⅲ.①精神分析
Ⅳ.①B841
中国国家版本馆CIP数据核字（2023）第214750号

失败的分析：对精神分析和心理治疗中失败案例的考察
SHIBAI DE FENXI：DUI JINGSHENFENXI HE XINLIZHILIAO ZHONG SHIBAIANLI DE KAOCHA

［美］阿诺德·戈德伯格（Arnold Goldberg） 著
陈幼堂 译

鹿鸣心理策划人：王 斌
策划编辑：敬 京
责任编辑：敬 京
责任校对：关德强
责任印制：赵 晟

重庆大学出版社出版发行
出版人：陈晓阳
社址：（401331）重庆市沙坪坝区大学城西路21号
网址：http：//www.cqup.com.cn
印刷：重庆升光电力印务有限公司

开本：720mm×1020mm 1/16 印张：16.75 字数：196千
2024年1月第1版 2024年1月第1次印刷
ISBN 978-7-5689-4207-2 定价：89.00元